天下文化
BELIEVE IN READING

財經企管 BCB589

跨世紀的產業推手

20個與台灣共同成長的故事

成就第一的關鍵態度

李俊明、李翠卿、謝其濬、傅瑋瓊、沈勤譽、王胤筠——著

台灣的未來
需要新、舊世代共同努力

前副總統 蕭萬長 ◯

　　從1970年代的經貿外交開始，我跟許多台灣企業家在資源匱乏的年代，一路上從無到有、憑自己的實力打拚，環境不見得比現在好多少，但是我們還是相信有成功的可能；然而，這一代年輕人，處在全球景氣不佳的年代，不少人對自己或未來喪失信心。

　　每個時代都有自己的社會現象與責任，當年我們只能靠自己苦幹實幹，現在則是資通訊科技快速發展的年代，蘋果、亞馬遜（Amazon）、谷歌（Google）、臉書（Facebook）……，這些公司創造出新的商業模式，改變了人類的生活型態與互動模式，帶動了金融科技（FinTech）等經濟、社會、政治等等的變革，新一代年輕人必須在新世界裡找尋機會。

　　就像《跨世紀的產業推手──20個與台灣共同成長的故事》這本書所傳達的觀念──機遇無法複製，態度與方法可以傳承，不同世代需要相互溝通，我們可以幫助年輕人的，是透過與台灣共同成長的經驗，歷練過的風風雨雨，教給他們「成就第一的關鍵態度」。

這本書裡面有一個很重要的精神，就是務實。這一點，其實跟我的想法很接近，也是我一直以來的信念，因為，能夠務實，你才會甘願從頭做起、擇善固執，在每一件應該堅持的事情上，不去想太多功利的問題，只要你覺得應該，就可以不必與太多人爭辯，能夠很開心地做下去。

　　我是傳統的台灣南部鄉下人，習慣苦幹實幹、多做少說，但是很多事情都在我的腦海裡運作，尤其，關於台灣的明天、台灣的未來，怎麼樣可以透過我個人微薄的力量，設法推動一些改變？從創辦兩岸共同市場基金會，到年年在博鰲亞洲論壇為台灣發聲……，經貿是我的專長，我就從這裡為台灣的未來找出路。

　　同樣的道理，年輕人要為自己的未來找出路，也要找到自己擅長的事，投注熱情並持之以恆。書中二十位臺北科技大學傑出校友，在不同面向饒有成就，無論年輕人想創業、做研究、入公職……，都可以找到值得學習的地方，為台灣帶來更強大的正向力量。

平實中的人生智慧

台達集團創辦人暨榮譽董事長 鄭崇華 ○

　　經由臺北科技大學校友總會朱其龍祕書長的引介，我在一段出差的旅程中，以年資尚淺的校友身分，拜讀了收錄臺北科大畢業學長人生哲學與經營心得的新書《跨世紀的產業推手——20個與台灣共同成長的故事》。

　　書中的二十位學長，都是台灣當前產官學界的翹楚，其中有我敬佩的前輩，亦有不少我的老朋友，或公司業務往來的好夥伴。

　　二十位學長中，不少人的影響力跨越兩個世紀，有人創辦或管理的企業，在該產業領域中被稱頌；有人的學術研究成果，對科技發展、人類社會帶來貢獻。而每一位執筆者，將二十個故事中，包括對經營管理的精闢見解、經營企業的成長過程，或是學術研究的進展腳步、各項人生轉折中的決定與結果，用平實文字陳述，卻又帶給讀者深遠的寓意。

　　這些故事訴說著每一個人的成長背景、求學過程、就業或創業後從篳路藍縷到漸入佳境，乃至鵬飛鷹揚，其中有趣味、有感慨、有歡笑、有曲折。從讀者的觀點，大多可能認為，經營企業最為人津津樂道的，無非是獲利能力，但從幾位學長的創業故事中，都可以看到：持之以恆的創新、不吝於擴大營運的投資，將公司的核心精神一以貫之地串連研發、生產、

銷售、服務等環節。這些堅持與一家企業的發展甚至興亡息息相關，也讓人體會到，堅實的經營理念與強大的管理思維或系統，是經營企業成功的要素。

　　讀這本書，可以學習到二十位產業巨擘、學術賢達的思考方向，當面臨自身問題時，更容易掌握重點，做出正確務實的決定。推薦給大家這本綜合多人生命智慧的新書。

創新、務實寫下傳奇
為台灣未來立下典範

宏碁集團創辦人／智榮基金會董事長 施振榮

　　臺北科技大學的前身──台北工專，在我們成長的那個年代，可說是初中考高中的明星學校，比一般的中學還要難考。因為我們那個年代，家長都希望子女完成學業後能趕快就業，而台北工專的畢業生總是在一畢業就能找到就業機會，因此受到許多學生及家長的肯定，是很多學生的就讀首選。

　　也由於學校本身的定位與發展特色，當年從台北工專一路到臺北科技大學，在台灣經濟發展的過程中，為台灣培育了許多優秀的人才，許多傑出校友都是台灣經濟發展奇蹟的重要推手。

　　以在本書第一位介紹的校友──長春石化總裁林書鴻先生為例，雖然我在電子產業，但當年對長春石化的表現就刮目相看；記得當年孫運璿先生擔任行政院院長時，有次在科技會議中就特別公開表揚長春石化在研發領域的積極投入。林總裁現在八十八歲，是我們的老前輩，他的經營理念相當值得我們後輩學習。

除了林老前輩，本書中所介紹的這些傑出校友，不管是在產業界或政府部門工作，都有傑出的表現，這二十位傑出校友的故事，正可展現過去那一段時間，與台灣共同成長的故事。

　　也因為他們早年的求學生涯中，來自學校的扎實訓練，加上相對較早進入產業界，腳踏實地工作，一步步累積經驗並經過完整的歷練後，許多傑出校友創業有成，在工作崗位上為台灣產業發展盡一份心力，在在都是台灣過去這段經濟發展奇蹟的關鍵推手。

　　在本書中，有多位傑出校友與宏碁集團也有淵源，包括：友達董事長暨執行長彭双浪、和碩董事長童子賢、華碩執行長沈振來。當年宏碁集團的人才雖有許多來自國立大學，但台北工專的畢業生也是我們最喜歡晉用的人才，至今高科技產業的人才依然有許多來自臺北科技大學。

　　此外，1981年宏碁推出「小教授一號」，它的前身是EDU-80，就是由全亞電子的兩位台北工專老師：鄭育儒與余標憲所開發出來的。後來小教授還由EDU-80的實驗手冊改編翻譯成英文版，成為小教授一號名揚國際的利器。

　　臺北科技大學作育英才無數，可謂是台灣工業／產業界人才的搖籃，也是推動台灣經濟發展的最大動力，書中的傑出校友可謂是我們的典範，他們努力不懈的精神值得大家來學習，一起為台灣的未來做出更多貢獻！

傳承實作技術力

臺北科技大學校友會全國總會總會長　翁淑貞 ◎

　　上一世紀的台灣，以技職教育奠定國家競爭力，無數企業主在艱難困苦的環境中，憑藉堅實的技術力，建立起自己的事業王國，也為台灣開創經濟奇蹟。

　　值得一提的是，這些成就台灣的英雄，許多人都來自現在的臺北科技大學、過去的台北工專，甚至是更早期的台北工業學校。

　　臺北科大創立於民國元年，從創校伊始，便以協助年輕學子發展專業技能、讓自己的天賦發光為目標。百年來，無數校友儘管身為工科學生總是習慣低調，但他們默默為產業奉獻的心力卻是實實在在；同時，由於師長們對教育的理想與執著，校風固然自由開放，授業內容卻相當務實，重視實作並與實務界緊密結合，所培育出的人才自然成為產業的中流砥柱，為台灣打下厚實經濟發展動能的根基。

　　身為臺北科大校友會全國總會總會長，我有不可懈怠的責任，必須讓這份歷史榮光與美好傳統能夠永續發展，讓學校的務實教學、師長的專業

精神、校友的技術實力⋯⋯，種種事蹟可以被大家看見，並且將這種良好
態度與風範傳承給年輕一代。

　　2011年是臺北科大創校一百年，我們出版了《卓越100》，使得許多
校友對國家社會的貢獻都能被看見，也讓我們更希望可以傳承這份感動，
讓這份榮耀可以不斷綿延，因此決定在2016年，出版《跨世紀的產業推
手──20個與台灣共同成長的故事》一書，在台灣產業亟需轉型再升級的
現在，分享校友們的創業歷程與生命故事，匯集菁英智慧，為台灣帶來更
強大的正向力量。為此，我也要特別感謝高鼎精密材料林棋燦董事長，第
一時間響應，無私支持本書出版，讓臺北科大有機會，成為再下一波經濟
成長的推手。

　　隨著時間的推移，會有更多傑出校友誕生，不僅在台灣締造成功，
更會在全球發光發熱，憑藉臺北科大傳承的技術力，在世界的舞台上頭角
崢嶸。這本書的出版，只是一個開始，未來，我們預計每五年出版一本專
書，凝聚校友共識，透過一篇篇生動豐富、感動人心的故事，激勵年輕人
勇敢活出天賦、實踐夢想，共同建構台灣教育與產業發展的下一個願景。

　　台灣要轉型，需要有扎實的技術力做為基礎，長期重視實作精神的臺
北科大，將會是未來轉型再成長最實在的力量。跨世紀的產業推手，從上
一世代，到下一世代，我們都會與台灣共同成長。

林書鴻

長春石化集團總裁

三人合力打造
台灣第二大石化集團

林書鴻、廖銘昆、鄭信義在1949年創立長春人造樹脂廠，
在技術面，以尿素防水膠獨步全國，幫助台灣合板工業打入國際市場；
在財務面，以經營效率推動成長，從未向資本市場募資，
卻是全台第二大石化集團，展現台灣第一代創業家風範。

走進長春石化集團台北總公司，彷彿時光倒流。深棕色夾板隔間、風格老派的辦公家具，都已經用了數十年之久，光從這樸實的門面，實在很難想像，這是一家營收超過新台幣兩千七百億元、在國內僅次於台塑的化工集團。

但你若看過長春旗下管理嚴謹、技術先進的工廠，或甚至參觀過它在海外規劃石化園區的投資案，就會明白為何它能在產業界叱吒風雲。

長春石化集團的作風，一方面低調保守、安靜沉潛，極少上媒體版面，堅持不上市；另一方面，十分積極進取，在研發與生產上精益求精，以卓越技術能力落實產品研發、加速商業化、取得智慧財產權……，躍身石化產業的高值化標竿。

然而，長春石化集團的起點，卻是一家初期資本只有五百元的電木小工廠。三位創始人廖銘昆、鄭信義、林書鴻，都是台北工業學校（台北工專、臺北科技大學前身）同一期的畢業生，創業那年，他們三人都只有二十一歲。經過六十七年不斷成長，小工廠蛻變成今日的化工王國。

高齡八十八歲的長春石化集團總裁林書鴻，回憶起年少歲月，坦言台北工業學校並非他當初的第一志願，受到啟蒙恩師影響，他原本想念的是

林書鴻 長春石化集團總裁

師範學校。

　　林書鴻成長於日治時期，在公學校（小學）就讀時，遇到一位對他影響至深的老師吳景星。吳景星教學態度極為嚴厲，但對學生也的確是真心關懷，林書鴻公學校畢業時，吳景星建議他去考師範學校。在那個年代，大家都對老師敬若天神，加上念師範學校又不用學費，林書鴻便聽從吳景星指點，參加師範學校招考。

　　想要進入師範學校，除了筆試、面試，還要考體操，考完以後，林書鴻暗忖自己應該可以如願上榜，沒想到最後卻名落孫山。

　　林書鴻很失望，吳景星比他更急，透過管道去學校查為什麼沒錄取林書鴻。原來，當年日本實施皇民化政策，林書鴻雖然成績很好，但沒有改日本姓名，對當時統治台灣的日本人來說，一個不接受皇民政策的人，是不適合為人師表的，所以就把他刷掉了。

　　「如果我改名成『竹林書鴻』或『林田書鴻』，應該就可以上榜了，」林書鴻嘆道。

　　人生的得失難測，因為這個「政治不正確」的「失敗」，林書鴻才會進入台北工業學校，踏上建立化工帝國的傳奇之路。

◉──主動學習，自己摸索研究找答案

　　落榜後，吳景星建議林書鴻轉戰台北工業學校應用化學科。「他說化工就像是變魔術一樣，什麼都可以變，你將來可以靠這個賺很多錢！」小小年紀的林書鴻，還不太理解賺大錢的意義，但他向來十分看重恩師的建議，便依言去應考。這一次，他順利錄取。

　　日治時代的課程設計很特別，除了專業科目與代數、史地、英文等科

目，還要修習武道（即柔道）和體操，不過，因為戰爭的緣故，學習過程經常被迫中斷。

林書鴻於1942年進入台北工業學校就讀時，戰火正熾，不但要躲空襲，他們應用化學科的學生還會被日本政府動員去金瓜石幫忙煉金、煉銅，甚至還曾被動員去南勢角做炸藥；1945年日本投降以後，學校裡的日籍老師陸陸續續離開台灣，有段時間竟面臨師資青黃不接的窘境。

回顧那幾年，林書鴻的學業可以說是在顛沛流離中完成的，但也因為如此，他很習慣主動學習，自己摸索研究找答案，不懂的東西，就翻書、做實驗弄到懂為止，這種不畏困難的態度，是後來長春石化從創業初期，就能奠下扎實技術基礎的重要原因。

◎── 五百元創業起家

長春石化的三位創辦人中，廖銘昆與鄭信義兩人是小學同學，而林書鴻與他們的情誼，則是到出社會以後才開始。

雖然他們三人都是台北工業學校同期的畢業生，但念的科系不同，林書鴻是化工科，廖銘昆是電氣科，鄭信義是機械科，林書鴻與廖銘昆和鄭信義在求學期間，僅僅只是打過照面，並未深交。

林書鴻從台北工業學校畢業以後，第一份工作是到台灣纖維工業株式會社擔任染整工廠的副技術員；廖銘昆的父親在日治時期原本在九洲製菓社經營糖果生意，日本政府撤離後，他的父親成立台灣棉業，需要漂白一批棉花，廖銘昆經由介紹找到林書鴻幫忙，兩人因此結識；後來，林書鴻在廖銘昆的姊姊的婚宴上，又認識了鄭信義，三人相談甚歡。

鄭信義家裡是開鐵工廠的，他畢業後就在自家工廠裡做事，他們承包

了林業試驗所的模具委託案，林業試驗所想要利用木屑結合樹脂做成電木粉，鄭信義覺得這應該是有商機的，便找廖銘昆和林書鴻一起商量，討論自行生產電木粉的可能性。

三個年輕人都很有研究精神，又是初生之犢不畏虎，雖然沒有人確切知道怎麼做，卻都認同這是一條可行之路，於是決定共同創業。

在資金方面，林書鴻因為拜訪客戶需要，買了一輛飛利浦的腳踏車代步，他把這輛腳踏車當做初期投資，當年一輛飛利浦的腳踏車要價約一百五十、一百六十元，其他兩人也各拿出差不多的金額，湊了五百元登記資金，1949年，長春人造樹脂廠就這麼誕生了。

◎──電木粉長銷數十載

一開始，先借用鄭信義爸爸位於民權東路與中山北路口的鐵工廠做為廠房，至於技術，則是土法煉鋼，翻書研究、做實驗，摸著石頭過河。

儘管是在戰火中完成學畢業，林書鴻（左圖後排右4）依然完成台北工業學校應用化學科學業，也養成他主動學習、自己動手找答案的習慣。

跨世紀的
產業推手

20個與台灣
共同成長的故事

日文教科書《工業化學》裡有記載電木粉的做法，他們熟讀之後，在鐵工廠找一些廢料來自製小型柴油反應爐，一開始先三公斤、五公斤小量試做，遇到缺點再加以調整，等到摸索出訣竅以後，才開始提高產量，一個月約可生產三噸到五噸電木粉。

　　「第一個月就可以賺個一、兩百元，很快就回本了。我們第一年的月營業額就有五千元，算是相當不錯！」林書鴻回憶。

　　結合木屑與樹脂的電木粉算是一種塑膠原料，因為不導電又耐高溫，可以用來製造插座、插頭、燈頭等電器用產品，一直到現在，產品多元的長春集團仍有生產這項產品，只是如今的產量是一個月五千噸以上，光是這一項產品，就成長超過千倍。

◎──尿素防水膠獨步全國

　　藉由電木粉站穩腳步以後，三人進一步研發其他產品，期望能更上層樓。其中一項，是用尿素和甲醛製造的尿素樹脂成型粉，用途很廣泛，包括一些精美的彩色鈕釦、塑膠餐具等，都會用到這個材料。

　　之後，三個人又進一步開發出經典的尿素防水膠。這項產品可以用來做三夾板，木材切成薄片以後，中間塗上尿素防水膠，再壓合成一片木板，層數不一定都是三層，但統稱為三夾板，是很重要的裝潢材料。

　　當年，台灣的尿素防水膠倚賴進口，三人便思索：「何不自己來開發看看？」翻了一大堆書，不斷嘗試不同的混合比例，甚至好幾個晚上苦苦守在試管旁邊，緊盯樹脂的變化情況，整整一年時間，歷經上千次失敗，1956年，終於研發出比例完美的尿素防水膠。

　　1957年，他們正式成立長春人造樹脂廠股份有限公司，工廠設於北投

林書鴻　長春石化集團總裁

石牌，生產電木粉、尿素粉與尿素膠。

坊間的黏膠經常有個致命缺點，就是不耐潮，若是太過潮濕，合板就會膨脹繃開變形，但長春開發的尿素防水膠則有卓越的防潮能力，林書鴻指著會議室的合板隔間笑說，「這些隔間板就是用我們自己的尿素防水膠做的，已經用了好幾十年，完全都沒有變形、變翹！」

長春開發的尿素防水膠，在市場大受歡迎。林書鴻表示，「市面上沒有跟我們一樣好的產品，我們的成本大概每公斤八元，賣十七、八元，獨家經營了十三年，才終於有人做出來。」

在這些年間，防水尿素膠從最初一個月三十噸的產量，衝到一個月一萬噸，不但為公司帶來可觀利潤，奠下日後大幅成長的基礎，而拜長春獨門的尿素防水膠之賜，也讓台灣合板工業得以打入國際市場，成為當年代表性的經濟產業，替國家賺取外匯。

◎────投資技術不遺餘力

因為台灣合板工業成長強勁，長春為了有效擴大尿素膠產能，也朝上游原料端做垂直整合。因為做電木粉、尿素膠等產品，均需要使用大量甲醛，原本採用進口原料，但是「進口成本比較高又很麻煩，玻璃瓶裝很容易破，我們就想，最好能自己做！」林書鴻說。

於是，1961年，長春興建了第一座日產十噸的甲醛廠；1964年，鑑於甲醛大幅成長，又進一步決定成立長春石油化學股份有限公司，自行生產甲醛的原料甲醇，工廠設在苗栗福星里。

林書鴻表示，當時，台灣還沒有石化工業，「我們應該算是台灣最早做石油裂解的廠商！」

他們當初的想法很單純，只是覺得如果能自製原料就不必受制於人，而既然苗栗有天然氣資源，裂解後可以做成甲醇，何不乾脆自己做？雖然從國外引進石油裂解技術所費不貲，但這是一項可以確保原料無虞的投資，而且，生產出來的原料除了自己使用，本身也是利潤頗佳的商品。

除了上游原料，長春也積極研發下游產品，先後完成雙氧水、聚乙烯醇、冰醋酸、環氧大豆油、聚合醋酸乙烯乳化漿、醋酸、酯等產品。

長春石化集團的三位創始人都有一個共識：對於生產設備以及研發的投資絕不吝惜。三位創始人都是物欲淡薄的人，即使後來個個身價不凡，也未見絲毫奢華炫富氣息；林書鴻現在雖貴為集團總裁，也還是衣著儉樸，甚至經常以大眾交通工具代步。

長春樹脂創立時，只有林書鴻、鄭信義、廖銘昆與十一位員工，一甲子過去，已是營收超過兩千七百億元的石化集團。

林書鴻　長春石化集團總裁

他們三人經營公司時，都奉行「錢要花在刀口上」的哲學，長春的辦公室裝潢非常簡單，完全不講究排場，即使是林書鴻自己的辦公室，也只有普通的辦公桌椅和幾個書櫃，還全都是用了幾十年的老家具。

但是，長春在技術投資上卻從不手軟。自創辦至今，長春從來沒有賠過錢，並且只要賺了錢，就不斷再投資，用來做研發或擴大生產，每年的資本支出都極為驚人，幾乎等同於公司資本額。長春旗下的工廠都很先進、整潔、現代化，跟傳統、樸素的辦公室迥然不同。

◎── 嚴謹中求創新

從創業之初便主要負責建廠與技術的林書鴻，對工廠的情感尤深，年輕時，有段期間甚至直接以廠為家，住在苗栗廠上面的辦公室裡，跟大家一起輪班，以確保進度無虞。

一直到現在，長春集團每一座工廠從設計到落成，林書鴻都參與其中，要求極為嚴謹，以日本的5S原則管理工廠。S是日文發音的字首，意即現場的人員、材料、設備以及管理，必須符合整理（SEIRI）、整頓（SEITON）、清掃（SEISO）、清潔（SEIKETSU）、素養（SHITSUKE）五項大原則，又稱為「五常法」，用這種方式管理的工廠，不僅外觀井井有條，且能提升效率與工安。

一路走來，長春不只對生產硬體的投入不遺餘力，對於技術能力更是重視，林書鴻笑說，長春有很多「桌上的領航（pilot）實驗工廠」，根據這些參數，再決定要不要蓋大型工廠，「我們每年花在研發上的費用，大概占營業額的4%。」這個比例已經遠高於許多科技大廠，若再乘以長春的高營業額，能望其項背的公司就更少了。

因為這種對創新技術的渴望與遠見，長春才能夠從一個初期資本只有五百元、十一位員工的人造樹脂小工廠，不斷擴張再擴張，成為今天營收超過兩千七百億元、上萬個員工的石化王國。

這座石化王國旗下的關係企業，除了三大旗艦公司：長春人造樹脂、長春石油化學、大連化學工業，還包括：台豐印刷電路工業、台灣寶理塑膠、三義化學、住工、台灣住友培科、長江化學、吉林化工等。

至於產品，則橫跨泛用化學品、合成樹脂、熱固型塑膠、工程塑膠、電子材料、電子化學、特用紙類、有機中間化學品等，產品行銷全球，應用遍及所有產業，跳脫傳統石化業的經營思維，研發高值化應用產品，也因此，當2015年國際原油價格暴跌，不少石化同業都受到影響，長春反而逆勢成長了六成四。

翻開長春的年表，從創始至今，除了剛起步那幾年，幾乎每年都有新成績，諸如新廠落成、新產品投產、產能提升、成功開發新產品或特殊製程，或是與大廠策略聯盟等等。

「我們對技術很執著，一直持續不斷在實驗先進的技術，看最後能不能工業化，很多都是研究好幾年才開花結果，只是因為從一開始就一直不停在做，累積起來，就會一直有成績，」林書鴻說。

◎── 固守本業的合縱連橫策略

很多企業規模成長以後，就會開始跨產業多角化經營，但長春卻始終專心固守本業，所有合縱連橫的項目，全都基於化工本業。

林書鴻表示，這麼多年來，遊說長春做「多角化經營」或轉投資其他產業的人從沒少過，「但我就在想，做別的我又不懂，要怎麼『多角』？

我摸（化工）這一行幾十年，還是專心做這一行比較有把握。」

在他心中，長春無論是橫向的多元產品開發，或是垂直的上下游整合，「從來都不是異想天開的，都是基於我們實際看到的需求，有的是我們自己本身就需要大量使用這些原料，所以去開發，有些則是就我們既有的優勢原料再做延伸應用。」

比如說，當年會做甲醛，是因為防水膠需要用到大量甲醛，而又進一步去生產甲醛的原料甲醇，再從甲醇為基礎，去研究如何生產出防水膠也需要用到的聚乙烯醇，這中間都是環環相扣的。

更愛流汗賺錢

雖然長春未曾「多角化經營」其他產業，但是化工原本就是工業之母，衍生的產品極為廣泛，從農業到高科技產業，都有長春的足跡。誠如當年林書鴻的恩師所言，「化工就像變魔術一樣」，從一個基礎開始，千變萬化成各式各樣的產品。

因為這種重視成長動能，且又步步為營的經營策略，讓長春得以維持從未虧損的紀錄。值得一提的是，創辦已逾一甲子的長春，始終沒有公開發行股票的打算。

「很多人都來遊說我們上市，可是我反問自己：為什麼要上市？要錢才需要上市，可是我們自己有賺錢啊，為什麼要靠發行股票來募錢？」林書鴻表示，以長春的實力，只要公開發行，馬上能吸引大量資金滾滾湧入，但他語重心長地說，「我不喜歡太容易的賺錢方式，我喜歡流汗賺來的錢。

「不要說發行股票，我們在2000年以前，甚至都沒有跟銀行借錢，」

林書鴻表示，以前無論是研發或蓋工廠，都是用自己公司賺的錢，直到2000年以後，因為投資規模很大，特別是海外布局，興建石化園區，投資金額動輒數百億元，才開始謹慎跟銀行貸款。

◎——共同創業，共同承擔

共患難固然是挑戰，而共富貴又談何容易？合夥而後散夥或甚至反目的事情，在產業界時有所聞。然而，長春集團的三位創始人，相知、共事超過數十年，卻仍能彼此同心、合作無間，究竟有什麼祕訣？

比起公開發行股票獲利，林書鴻更喜歡流汗賺來的錢。

林書鴻 長春石化集團總裁

林書鴻表示，當年，他們三個根據彼此的個性與專長分工，廖銘昆負責財務，鄭信義負責開發市場與維繫客戶，而他自己則負責建廠與工安，但他們之間的分工並非完全切割，彼此還是有所重疊，重要決策都會一起討論再做決定。

有媒體報導他們「從不冤家（台語，指吵架）」，對此，林書鴻笑說，「哪有可能？吵架是一定會吵的，重點是吵完之後怎麼做。」他表示，廖銘昆的性格比較柔軟，他跟鄭信義兩個人則比較強硬，兩人若看法不同，就會相持不下，特別是公司還小時，資源有限，禁不起燒錢，當然會有吵架的時候，「但大家都是為公司好，吵完架隔天還是好朋友。」

◎──── 互相補位的生命共同體

「以前啊，虧七百塊都要爭半天，後來公司大了，就算可能會虧七億元的投資案，只要有人覺得值得做，討論過後，就可以去做！」林書鴻談起當年與兩位已故好友的互動，語氣間不勝懷念。

問他何以三人能夠有這麼堅強的信任關係？林書鴻說，「我們的想法是，只要拆開，力量就小了，所以就算有不認同的地方，也要互相吞忍。」他們的共識是，關起門來大家可以吵，但一旦做出決策，三人就口徑一致，全力支持彼此。

「我們從來不會抱著『看好戲』的心理，更不會去扯對方後腿，」林書鴻說，如果三人已經決定要做某項決策，若執行時發生一些問題，當初在會議上持反對意見的人，也絕對不會擺出「看吧，我當初就跟你說不能做吧」的姿態袖手旁觀，相反地，他們會無私幫助夥伴、彼此補位，直到克服難關。

在創業與經營的過程中，他們都把對方視為生命共同體。「要知道，這是我們三個人的事業，一個人的成功，就是另外兩個人的成功；一個人的失敗，也就是另外兩個人的失敗，」林書鴻說。

長春的「春」字，拆開來看就是「三人日」，命名的理由是希望「三人日日努力，企業長長久久」，從長春這六十多年的成績來看，他們三人果然沒有辜負當年的期望，日日努力讓公司基業長青。

◎── 勤奮與合作是創業之鑰

2016年，林書鴻已經高齡八十八歲，公司也早已經做好接班安排，由已故創辦人廖銘昆長子廖龍星接掌長春三寶董事長，但林書鴻並沒有像一般長者那樣退休去「享清福」，仍像年輕時一樣勤奮工作、好學不輟。

林書鴻的生活非常規律充實，每天早上四點四十五分就起床，一邊做體操，一邊看NHK或CNN新聞，之後則去游泳或打羽毛球鍛鍊體力；運動完，八點三十分準時上班，一直工作到晚上七點半才下班，週末還經常跑各地工廠視察。

儘管工作忙碌，但熱愛閱讀的林書鴻仍利用各種空檔閱讀，而且涉獵範圍很廣，商管、技術、史地、政治、傳記、宗教、醫療……無所不讀，當然，閱讀最多的還是他鍾愛一生的化工以及工廠管理類書籍。

或許是操練身心成為習慣，年近九旬的他，仍然耳聰目明、思慮敏捷。「我喜歡工作，每天工作讓我覺得很幸福，我可以一個人做三個人的事，八十八歲乘以三，我這樣是不是活得很夠本？」林書鴻幽默地說。

身為一個創業傳奇的締造者，林書鴻給那些也有同樣企圖心的年輕人兩個建議，「第一，就是要『勤勞』：勤勞地工作、勤勞地求知，」無論

是他自己，或是長春集團其他兩位創始人，全都對事業百分之百投入，因為「努力不一定能保證成功，但努力的人機會一定比較多，也比較能夠解決困難。」

「第二，還要懂得跟人合作，不是你自己天縱英才就會成功，」林書鴻表示，不管你有多優秀，若無法與人共事，也很難做出什麼大事業。「為大局著想」是他們三人共事數十載所凝聚出的生涯智慧，在這個前提下，有時候難免得犧牲個人利益或「吞一些委屈」，但從結果來看，也唯有集中力量同舟共濟，才能成就今日的版圖。

長春集團2015年營收已經站上兩千七百億元，林書鴻表示，未來將朝三千億元的目標邁進。看來，壯心不已的他，還會繼續在他的工作崗位上，繼續日日努力，帶領長春再創下一個榮景。

文／李翠卿

跨世紀的產業推手

20個與台灣共同成長的故事

宋恭源

謙卑真誠
孕育台灣LED產業先驅

光寶科技董事長宋恭源，不僅是台灣LED產業先驅

也在全球光耦合器市場拿下14%占有率，

諸如投影機電源供應器、相機手機模組等產品，都在業界有舉足輕重的地位，

更是全球最大筆電電源供應器製造商。

如果試著查詢各種媒體與網路的報導，你在關鍵字「光寶」與「宋恭源」的搜尋條目下，得到的答案大多是光寶集團的拓展願景，或是董事長宋恭源對於整個集團的布局。

在我們生活周遭，手機機殼、零組件、照相機模組、計算機與鍵盤的導電橡膠、監視器、LED（發光二極體）路燈、汽車電子、醫療院所內的生技醫療器材……全都可能是來自光寶科技的產品。然而，關於宋恭源本人的描述，卻是少之又少。

事實上，相較於眾多胼手胝足的白手起家創業故事，他的成長與人生，精采程度毫不遜色。

在時代變遷中成長

從小，宋恭源面對的課題，就是「大環境」的變化，這是伴隨政治、經濟改朝換代而來的巨變。

「生活苦不苦，其實是一種相對的比較，」憶及自己在高雄成長的年少歲月，宋恭源淡淡回顧，「在農村長大的過程中，米飯上桌的機會很

少，絕大部分都是把地瓜曬乾，做成地瓜籤與米飯混煮。肉類等動物性蛋白質，更是很少吃到，只有生病或特殊場合才會出現。」

1942年，他在高雄小港鄉出生未久，台灣便從日據時期光復，卻又迎來國共內戰爆發。在那個大時代的變遷當中，隨著國民政府撤退來台，小小的寶島湧入一百多萬人，糧食供應變得十分緊張，絕大部分家庭都處在物質、經濟相當匱乏的情況下，孩子從小就要協助家中改善經濟。

更雪上加霜的是，政權的更迭，為家族帶來翻天覆地的改變。

幼時的宋恭源，原本家境不錯，但由於接連經歷了舊台幣換新台幣（1949年）、三七五減租（1949年）、耕者有其田（1953年）等新政策，家中長輩對這場驟變沒能妥善應對，家道才逐漸中落。

「我印象很深刻的，就是舊台幣換新台幣這件事，你想想看，四萬塊錢的舊台幣才能換得一塊錢新台幣，從這件事，就可以推想當時台灣整個社會的變動有多麼劇烈。」

◉—— 困頓中歷練做生意的本事

每逢星期天，甚至是平常早上還未到學校上課前，宋恭源會起個大早，幫忙家裡將鴨蛋、青菜甚至鮮花拿到街上叫賣。「我印象格外深刻的是，如果賣得了兩塊錢，便可以買瓶醬油拌到地瓜飯裡，原本的平淡，突然就有了滋味！」

這麼小的年紀，就需要參與商業活動，其實也有意外收穫。

宋恭源從很小便清楚意識到，不論是鮮花還是蔬菜，自己必須想盡辦法在期限內把東西推銷出去，如果沒賣掉，拿回家就可能枯萎了，產品價值隨之驟降，因此不管是用降價促銷或其他辦法，一定要把商品脫手。

光寶集團在CSR之外，又加入「E」（環保），成為CSER，並內化為公司的價值競爭力與企業文化。

　　「那時候一顆蛋賣兩毛錢，有些外省太太會丟下五毛錢，然後拿走三顆蛋，我們一開始只會講閩南語，語言不通，所以只能跟在大人後頭傻傻追討，」宋恭源笑著回憶兒時趣事。才小學的年紀，便學會「原來做生意是這麼一回事」。

　　當時的日子，儘管現在看來艱辛，但他並不覺得自己有經受多麼匱乏的痛苦，因為幾乎每個人的處境都是大同小異。「當所有人都不穿鞋子，你自然不會感覺赤腳有什麼困難；當所有人的衣服都是一補再補，每個人也都沒什麼差別！」

　　感覺出差異，是因為有了比較。

宋恭源 光寶科技董事長

宋恭源回憶，1940、1950年代的小港，行政編制歸類為「鄉」，屬於比較郊區的地方，只有日據時代留下來的糖廠還算小有規模；至於現在小港最知名的中國鋼鐵公司、台灣國際造船公司（2007年由中國造船公司更名為台船）等大型工業，是一直到1980年代、時任行政院院長的蔣經國推行十大建設後才開始進駐。

　　相對之下，高雄的鳳山屬於「鎮」的等級，市況比較繁榮，宋恭源幼時跟著大人從小港到鳳山，看到那裡的人生活得比較好，心裡不免納悶，為什麼他們可以過著比較富裕的生活？

◎—— 奮發，為自己爭取前途

　　目睹城市裡自己從來沒看過的商店、人們身上不一樣的體面穿著，必須奮發向上的決心，在他心中漸漸滋長。

　　「我小時候讀書沒有問題，但是很好動，」宋恭源回顧，由於母親認為男孩子身懷一技之長很重要，加上當時台灣的電子相關產業興起，於是，衡量未來發展前景，他考入南部職校第一志願——高雄高級工業職業學校電子科。

　　畢業之後，聰穎的宋恭源同時考上中山醫專（中山醫學大學前身）與台北工專電子工程科。雖然父親說，為了日後有更好的發展，願意想辦法讓他學醫，但是註冊費攤開一比，醫科一學期要繳好幾千元，台北工專則只需九百多元，身為長子的他，考慮到家裡還有弟弟、妹妹需要就學，為了減輕家人負擔，決定選擇台北工專。

　　「那時候只知道，為了前途，一定要再念書，充實自己的能力，」宋恭源回顧第一次走進台北工專校園，感覺就只有「陌生」兩字可以形容。

在考上之前，他從來沒到過台北，因為光是搭火車北上，就要十一小時之久，跟現在從台北飛到美國洛杉磯，差不了多少時間。

對一個從南部負笈北上的年輕人來說，台北是個完全不一樣的世界，什麼東西都很新鮮、新奇，也處處需要去適應、學習，因此在台北工專念書那段時間，宋恭源形容，自己就像海綿一樣，拚命吸收各種養分。

◎── 大量閱讀開拓眼界

「一進學校，課業壓力就大得讓人喘不過氣來，」宋恭源回憶，台北工專雖是專科學校，但使用的教科書跟大學一樣，對學生來說是不小的挑戰。而且，「五十年前的台灣，來自全台各地，甚至來自中國大陸各省的學生，齊聚在台北這樣的大熔爐生活，無論習慣、特質、口音都很不一樣，需要費神適應如此多元的環境。」

當時要考進台北工專，不是件容易的事，能擠進這所學府的學生，可說是全台灣的佼佼者；不少學生家境拮据，來到台北求學，背負著整個家族的期望，加上自己的使命感，多半很認真念書、做實驗，功課上也很競爭。不過，競爭歸競爭，宋恭源回顧，當時的環境相對純樸和諧，同學之間的關係很好，許多同窗到現在，交情仍是不減當年。

「老師、助教與學生的年齡，往往差距並不是那麼大，無論上課、實驗、生活，幾乎都處在一起，彼此的感情也相對深厚。即使現在距離我就讀台北工專已經超過五十年，但那時的老師與學生，到現在大家還都保持聯絡，名副其實的『亦師亦友』！」

宋恭源自謙，在台北工專求學時期，成績只能算是普普通通，但當時他在這所學府裡收穫頗豐。

由於環境相對純樸，同學們除了讀書，還是讀書，只要有時間，他就大量閱讀，也激發出多面向思考的習慣。

◎—— 盧梭精神深植心中

　　「那時有很多翻譯著作、小說，大陸來台的一些菁英也寫出不少優秀的近代文史著作，我大量閱讀課外讀物、人物傳記，這些書以前在南部比較難找到，讓我開拓了不少眼界。」

　　讓宋恭源至今難忘的，是啟蒙時代瑞士思想家盧梭（Jean-Jacques Rousseau）的傳記，「這麼偉大的一個人，其實內心也跟一般平凡人一

1983年，光寶電子成為台灣第一家上市的電子公司。圖為當時全公司主管合影，三位創辦人宋恭源（前排左4）、吳安豐（前排左1）、林元生（前排右3）均在其中。

樣，有著各種情緒與掙扎、甚至也有難以啟齒的行為，如此誠實剖析自己的內心世界，讓當時的我非常震撼！」

這樣偉大的人都能如此誠實、不浮誇地面對自己的內心，平凡如我們，更應該在處世上誠心學習謙卑自省。「生命中的智慧，常在挫折、困境或是困惑的情境中成長出來。盧梭一生坎坷，比一般人面對更多問題與掙扎，因而累積出這樣的智慧，讓我看待逆境有不一樣的眼光！」這一點，在他心中留下深刻印記，也成為他日後為人處事的準則。

◉━━ 因緣際會轉入教職

總共五年時間，宋恭源在台北工專享受了專心浸淫學問、體會學習樂趣的美好時光，轉眼到了畢業時節。

在那個年代，一般認為年輕人出社會後的最佳出路，是電信局、電力公司等公家機關。1962年，適逢台灣電視公司等電視台相繼開台，電視機的生產與需求正在起飛，於是宋恭源決定到電視機工廠擔任工程師。

沒想到，因緣際會，南部的嘉義高工需要聘請一位老師南下授課，剛好宋恭源多年前畢業時，台北工專的老師就曾經熱心引薦他前往任教，當時的校長仍然記得這件事，便寫信來詢問他的意願。

跨世紀的
產業推手

20個與台灣
共同成長的故事

年輕的宋恭源，曾經遍讀課外讀物，其中五四運動時期的師生情誼，最能觸動他；加上自己在台北工專也曾有同樣的感觸，令他很是難忘，便決定辭掉工廠職務，進入校園教書，為人傳道、授業、解惑。

「我自己當了老師，同樣希望師生之間沒有距離。教書本身，固然有些技巧需要磨練，但是對待學生，我就是擁抱他們，真心對待！」在宋恭源擔任老師的三年時光，他自嘲可謂「有血有淚」，彷彿真人版的《春風化雨》故事。

◎── 一個孩子都不能少

「那時我兼任導師，帶了一班學生，有位同學是拳擊選手，個性比較調皮，訓導主任認定他是問題學生，因此我總是很擔心他，不斷叮嚀他，一定要忍耐自制，而他也答應了我。

「有次降旗典禮，我在辦公室忙著，沒有參加，訓導主任看到這孩子立正時沒有腳靠攏站好，就踢了他一腳，結果學生的火爆脾氣上來，一拳把訓導主任打趴在地上，後來因為慌張害怕而跑掉了，整件事鬧得沸沸揚揚，班上同學蜂擁到辦公室告訴我這件事，我把所有孩子集中在教室裡，要大家想辦法把那位同學找回來。」

宋恭源望著遠方，緩緩描述這戲劇化的情節，語氣突然有點哽咽，彷彿近五十年前發生的事情，轉瞬浮現眼前。

「到現在，那還是很令人感動的一刻。這學生後來被找回來，搭著我嚎啕大哭，不但我眼淚掉了下來，班上五十來位同學也哭在一起。我很懊惱，不明白他答應我要忍耐，為什麼沒法做到？」

隔天召開校務會議，多數發言都主張要開除這位學生，但宋恭源始終

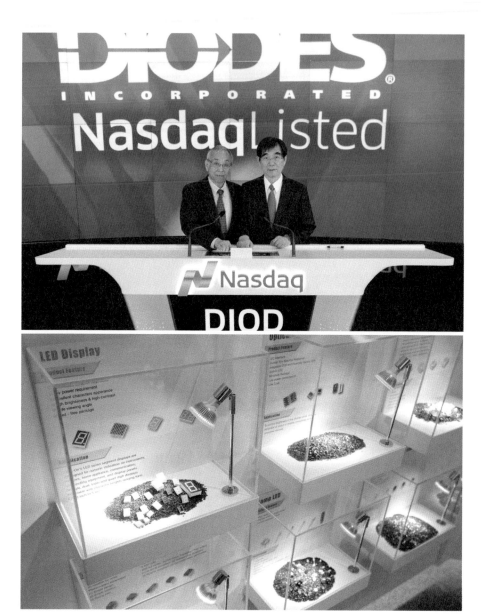

宋恭源（上圖右）與美國達爾科技執行長盧克修（上圖左）於2015年5月26日在美國主持那斯達克開市敲鐘典禮。

一言不發。最後，校長徵詢他的意見，他才直言：「這個孩子本質不壞，發生這件事是我沒教好，如果開除這個學生等於毀了他，我立刻辭職。」

對於宋恭源教學績效一向很滿意的校長，聽到他這麼熱血袒護學生，當下有些愣住。跟教務主任商量後，再問他的意見，「我建議將這位同學留校察看，下學期有機會讓他轉去別的學校，才不會毀掉這個學生。」

後來，闖禍的孩子轉了學，宋恭源也離開了嘉義，整件事逐漸從記憶中淡去。

不過，人生就是這麼奇妙，年輕時堅持寬厚處世而無意間種下的因，竟會在毫無防備的情境下，見到結出來的果。

「我想至少經過了二十年吧，有次走在台北車站，一個警察遠遠就

宋恭源　光寶科技董事長

喊著『宋老師！宋老師！』我心想怎麼回事？結果他跑過來抱住我，我一看才發現，就是這個傢伙，就是這個練拳擊的學生！我當下又驚又喜，問他怎麼都沒有跟我聯絡！」

當你發自內心愛護學生，就會想要盡自己的能力保護他們，希望他們可以順利成長，不論時間經過多久，還是「一個都不能少」。

從這個令人動容的故事中回過神，宋恭源說：「我當了三年老師，真的覺得很快樂，也有很多感動的回憶。那時我放假還會帶學生去野外郊遊、露營，跟他們生活在一起。

「當一個好老師還真不容易。但我把我在台北工專深切感受到的師生之情也放到我的學生身上，這些學生到現在都還跟我保持聯絡。」

回憶之間，宋恭源的神情變得柔和，彷彿不再是全球頂尖企業的董事長，而是再度穿越時空，回到那個為學生全心付出的純真年代。

◎── 一乘著時代的浪潮起飛

天下沒有不散的宴席，離開學校之後，宋恭源幾經思考，決定回到產業界，經歷了幾家美商公司的歷練，他決定大膽創業。

又是一個「大環境」浪潮下的人生際遇。不過這一回，他乘著台灣資訊產業與LED技術起飛的勢頭，奮力一搏。

當時宋恭源擔任美商德州儀器台灣分公司主任工程師，剛好遇上1974年德儀決定結束台灣的LED封裝生產線，他覺得這個事業其實大有可為，如果就此關掉，十分可惜。

於是，靠著集資而來的兩百五十萬元新台幣，與曾在德儀共事的林元生、吳安豐，三人共同創業，在台北縣中和圓通寺旁的小公寓白手起家。

「那時候台灣經濟才剛要起飛，物資依然十分缺乏，光是借貸，就不像現在利率這麼低，都要三分以上，是很沉重的負擔。你可以想像，對創業的人來說，資金缺乏，處境有多麼困難，」宋恭源回顧，光寶科技成立後，最初只能靠二手的摩托車跑業務。

　　這樣的場景，也出現在許多當年的新創公司，大家在資源匱乏的環境中，一起克服挑戰、走出希望。

　　後來，光寶成為台灣第一家上市的電子公司，美國子公司也在那斯達克上市。宋恭源解釋，上市之後，公司引進資金的限制會比較少，也會有較多資源來支援公司發展，讓企業可以持續壯大，日後許多台灣的電子公司也走上這樣的發展軌跡。光寶電子首開先例，具有引領風潮的時代意義。

　　轉眼之間，悠悠晃晃四十一載，光寶也從三人小公司變成如今全球員

創業至今，謙卑真誠是宋恭源始終不變的特質。

宋恭源 光寶科技董事長

工六萬多人的跨國企業；從最初起家的LED事業，到今天在零組件領域擁有兩千多億元的年營業額。

◯—— 反璞歸真，謙遜自持

宋恭源謙虛地表示，歐美國家的工業化，早有前例可循，因此只要依照先進國家良好的「公司治理」典範來做，自然就會步上軌道。不過，更重要的是胸中要存有一份良知，體認到企業也是社會公器，更是社會資產，即使企業家擁有比較多的股份，也並不就是自己家裡的財產。

「要讓企業可以永續，很重要的是『返璞歸真』。經營企業就像交朋友一樣，應該要用坦承、真誠的心，才有可能與別人結為好友。抱持謙卑之心，非常重要。

「很多事情，乍看之下好像可以拿來四處炫耀，但如果你看透了，其實也沒有什麼事情真的值得炫耀。我常常覺得，把自己變得愈小，就愈能得到別人的認同；如果把自己膨脹得太大，別人對你的感受一定不好。這些人生智慧雖然是每個人都知曉的道理，但如果可以落實，成為我們生命的一部分，人生才會愈活愈圓滿，」宋恭源語重心長地說。

回首一路走來、一路摸索的過往，宋恭源堅信，謙卑、誠心，是台灣這塊土地最需要的養分。

「一個環境裡有這麼多的人，如果沒有抱持最真誠的心、最謙卑的態度，就不可能好好融入團隊，更遑論去談創新、服務。」

創業倏忽四十二年，宋恭源回歸初心，彷彿只有保持謙卑自持，像似熟透麥穗沉沉垂下，冷靜看待世事，才是一切成功的原點。

文／李俊明

林孝信

SIGMU集團總裁

堅持投資
開啟台灣生活服務產業先河

現在，大家都知道「賣服務」的重要，林孝信卻在三、四十年前就已經實踐。

三十歲之前，創業失敗十幾次，他是父親口中「最會虧錢的人」。

三十歲之後，他創設台灣第一家安全服務公司，至今已連續三十年獲利。

七十三歲的他，依舊走在台灣社會需求之前，用物聯網守護民眾身心健康。

排行老二的林孝信，出生宜蘭望族，父親林燈創立國產實業，投入水泥建材事業。外界看他，多半認為他是林家家族事業的第二代接班人，事實上，他從日本理工大學畢業回台後，並沒有立即加入父親事業接班，而是選擇創業。

「失業、沒有工作，」林孝信這樣形容當時的自己，頂著「富二代」的光環，實際上卻是「要人沒人、要錢沒錢，頂多是零用錢比別人多一點。」

◎── 失敗教我的事

林孝信的創業經歷，許多媒體都曾聽說過；三十歲之前的他，懵懵懂懂創業十幾次，賣過人蔘、漢堡，做過港口物流、船舶、三夾板生意，業種又雜又廣，直到父親牽線，與日本警備保障株式會社（SECOM前身）合作，才為他的事業帶來曙光。

還好，儘管做過十餘種行業，卻都是小資本，父親雖然說他是「最會虧錢的人」，對他的信任卻不曾改變，從未過問細節。

「雖然創業失敗經驗多，但失敗後最應該檢討的，是哪些事業不能做，或者一開始就判斷錯誤，」林孝信說，早期的創業歷程，並沒有白白浪費，而是讓他快速累積各行各業的經驗。

親自在第一線跑過客戶，也檢討過成功或失敗的原因，現在他就可以分析各行業特性及勝率，知道什麼生意容易成功、哪些肯定失敗。

◯── 賣服務比賣產品好

跌跌撞撞雖然也是會痛，但痛過之後學到的經驗，卻是課本上學不來的真功夫。

1977年的台灣，仍在戒嚴時期，社會對保全業毫無概念，使得林孝信創業之初，面臨重重考驗。儘管靠著家族的交情人脈，從數十位股東小額集資三百萬元開始，創設中興保全，為自己賺到第一桶金，但從公司登記註冊到面訪客戶，每筆訂單都要比後進者費十倍以上的力氣。

支持林孝信走下去的，是他對自己掌握未來趨勢的信心。

中保創立後，前八年根本沒賺錢，期間經過多次增資，最後創始投資人紛紛縮手觀望，只有日本SECOM仍堅持注資提供擔保，終於，第八年轉虧為盈，長期投資有了回報，正式步上營運坦途。

問起林孝信，為什麼堅持不肯放棄？他只說：「本來開始就是最苦的！」

他強調，外界很難想像中保的投資有多大、花多少錢在系統整合上，除了管制室跟伺服器中心、服務中心（call center），中保在內湖還有一棟五百人的研發總部，主要做系統整合；甚至早在1980年代，便整合中保系統與多項產品、物聯網裝置，蒐集這些裝置傳回來的訊號，集中處理。

這一切的投資，都是在為未來做準備。

創業之初，中保連續四、五年慘澹經營，而SECOM在日本卻賺錢，這讓林孝信十分不理解。於是，他拿來SECOM的財務報表深入分析，結果發現保全業其實是「租賃業」，甚至「比租賃業還租賃業，意思是這一行要看未來，無法立即回收。」

舉例來說，當年中保與SECOM合作，SECOM除了是中保的股東，中保的機器也都從日本進口，一台機器就要新台幣十七萬元，租給客戶一個月收七千元，一年收回八萬四千元，兩年才能回收器材成本。但是，引進日本技術，在台灣生產，成本立刻大降。

分析清楚事情的緣由，林孝信有了信心，也更下定決心投入。

深入分析各業種的營運模式、評估機會與風險，懂得適時收手，檢討失敗，內化為經驗，是林孝信在多次創業歷程中磨出來的好功夫。他說：「我做生意的最高原則，是不做代理商！因為，做得好，對方會收回去自己做；做不好，對方揮揮手就走人，生存權全在對方手上。」

在「最高指導原則」之外，林孝信還有一項偏好，就是喜歡賣服務，不愛賣產品。這個觀念，現在看來或許大家已經習以為常，但早在中保設立之初，就已經深藏在他心裡。

他觀察到，世界上誰一有好東西，馬上就有五萬

家、十萬家業者跟進，不到一年就推出類似產品，例如：現在的虛擬實境（VR），一推出就好幾千家在做，無法預料最終誰做得好。

相對來說，中保有三十萬個客戶，業務全掌握在自己手上，別人有好的產品，中保可以整合到自家系統，成為其中一部分，沒有太大風險。賣產品會有壽命期限，賣服務則只要客戶滿意，假使用戶增加到一百萬戶，服務期間內，不管颱風天還是地震，每個月都能收服務費，可以創造更大的現金流。

◎——提供人們需要的服務

在事業競爭上，林孝信十分推崇經驗的價值，他笑說，過去老一輩常說：「生意就是聰明的『騙』笨的，」先有經驗、先學會，就能贏在前頭。而過往的經驗讓他早有領悟，即使賣的是服務，也必須隨時調整，建立競爭門檻，讓對手無法輕易進入這個領域。

以智慧家庭為例，物聯網的商機，不僅林孝信看到，許多科技大廠也看到，相關產品如雨後春筍般登場，如：門窗警戒、冷氣開關、智慧門鎖等等，但中保依舊不開發產品，而是每年去世界各地科技展參觀，探索有哪些新科技可以應用在自家服務內，經過系統整合，再提供給客戶。

舉例來說，目前有許多科技大廠在開發家庭智慧聯網裝置，一旦家門遭入侵或瓦斯漏氣，可以發送訊號到屋主手機中警示。但，接下來呢？科技大廠的物聯網能提供遠距服務或訊息傳遞，卻很難做到跟家庭互動或產生感動，但中保卻可以主動從客戶的難處出發，為他們解決問題。

假使屋主在上班開會，無法立即返家，中保可以在收到警報後立即判斷，並派員前往住家處理，例如：幫忙關閉瓦斯。這就是林孝信口中「家

庭服務的『最後一哩』，科技大廠很難學習！」

「今日不改變，明日必將遭到淘汰！」林孝信預見產業多變，如同企業斥候般提出預警。甚至，不只預示方向，一旦發現企業內部稍微安逸了，也會立刻發出警告。

中保雖是集團最核心成員，但林孝信近年觀察社會趨勢，認為「生活服務」將是集團未來更重要的發展方向，保全只是服務中的一部分。

2014年起，林孝信將中保集團更名為SIGMU集團，涵蓋國產建材實業、中保、復興航空三大事業體，取希臘字母Σ與化學分子符號M的字音，寓意整合與連結集團資源，提供消費者「安心、健康、舒適、便利、

林孝信長期保持創業精神，也不斷提醒年輕人，不要把現況當成正常。「現在已經沒有第二代，每個人都是第一代！」

節能」五大項生活服務。

為了完成SIGMU集團定位為全方位生活服務事業的最後幾塊拼圖，中保買下復興空廚。

林孝信說，這是為了要提高客戶滿意度，因為「吃」是生活中的必需品，集團下一步計劃在每個四百至五百戶的社區設立一個服務處，提供健康照護及食品訂購，上班族隨時下單，下班就能帶回家吃。

除了每年出國考察最新科技，林孝信也廣泛閱讀，吸收最新趨勢，從特斯拉電動車到大數據無所不看。他說，現在是宅經濟時代，家庭成員數以一或兩個人為主，年輕人壓力很大，不結婚，這就是趨勢，集團的服務必須考慮未來住家形式做調整，利用社群網路提供線上服務是趨勢。

林孝信眼中的中保終極目標，是讓顧客一星期都不必出門，什麼都服務到家，達到完全的宅經濟服務。

◎──推動企業轉型

勇於接受新觀念的林孝信，也利用他擅長分析產業營運模式的能力，替國產跟復興航空進行轉型改造。

國產實業的混凝土業務已經是夕陽產業，於是他著手評估改造，花了六年時間，在台北港打造混凝土產銷一條龍計畫，從掌握其中最重要的成本「砂石」礦山，到自建倉儲跟物流車隊，投資高達三十六億元。

「其實國產是要轉型才這麼做，因為沒有其他路好走，」林孝信半開玩笑地說，現在大概除了國產，其他同業做水泥業都沒賺錢，大家去參觀國產的台北港後都感到很驚訝，無法想像為何國產要這樣做。

林孝信說，他接下國產後，分析預拌混凝土業的成本時，發現最大的

林孝信 SIGMU集團總裁

成本是砂石，所以同業愛用低成本的河砂。

然而，能做成預拌混凝土的砂石有一定成分要求，例如：氧化鈣成分要超過40%、氧化鎂要低於8%、氧化矽要低於3%，但河砂從上游沖刷下來，途中經過二十到五十座山，這些山有花崗岩、大理石等不同材質，無法保證品質穩定。

經過專業判斷後，林孝信發現，只有機械砂品質最穩定，因為是礦山岩石粉碎而得，品質一致，整個開採也沒有摻海砂的風險，所以國產成為第一家掌握上游原料礦山，並打造獨特的上下游垂直整合、一貫作業模式的混凝土廠。

◎── 面對問題，解決問題

SIGMU集團的另一個挑戰，是復興航空因空難事件衝擊，營運陷入虧損，林孝信研究了財報，參與管理會議時，看著愁容滿面的重要幹部，便在會議上直言：「旅行業應該要有最壞的打算，不要坐著講天下事，要看執行成果，以現在載客率六成來說，飛機運能過剩，不如把多餘的運能處理掉，減少虧損，輕鬆一點經營。」

他坦承，「復興航空曾犯錯，碰到不景氣，再怪員工也沒意思，大家應該要一起解決問題。」

林孝信分析，儘管目前經濟不景氣，貧富懸殊，但以前人勤儉，現在的人則沒有那麼省，所以旅遊業要找出年輕人想什麼，指導他們如何去玩是最值得、最划算的，創造需求。

「我以前就不相信景氣不景氣，情人節送巧克力就是創造出來的，阿里巴巴的雙十一購物節也是人想出來的，都不是本來就有的需求，」林孝

信大器地說。

這位豪氣總裁說，「淡季沒有旅客」不是理由！「只不過是從原本八、九成的旅客降到七成，想辦法把別人的客人拉過來一點，就有八成，不能老說淡季（載客率）就該這麼低，要想辦法在別人不好的時候，我還是好的！」

除此之外，林孝信也預見，未來台灣人力供應挑戰大，買下復興空廚後，首先就建議導入高科技，減少對人力的依賴度。「這絕對不是要裁員，未來人力一定是空廚最大困擾，一定會遇到（缺人），所以現在就該思考如何人用到最少，把薪資反映上去，讓大家做得高高興興！」

◎──── 每個人都是「第一代」

無論景氣如何、挑戰如何，林孝信始終堅持，遇到問題就必須解決。

「世界上有偉人，沒有聖人，既然做錯就做錯了，犯錯沒有什麼大不了，再把它做成功就好！」所以，當部屬犯錯，他會給予機會，但他也要求部屬主動想辦法解決錯誤。

中保高階主管常掛在嘴邊的一句話：「在林孝信手下做事『很難混』！」他的創業經驗太豐富，跑在第一線，對人性深刻瞭解，不能容許屬下太多藉口，他常說：「失敗就跟我講失敗了，我不想花錢聽你講怎麼失敗的，我寧願聽你說如何把事情做起來！」

雖然嚴厲，但林孝信帶人帶心，肯給空間跟獎勵。目前集團員工約一萬兩千七百人，在他身邊工作超過三、四十年的就有兩、三百位，還不包括已經退休的老夥伴。

說起這批老臣，訪談間林孝信帶著不自覺的笑意，他打趣地說：「他

們對我很好啊，因為他們都在賺錢給林孝信花！」

這位永遠走在產業趨勢之前的霸氣總裁，近年把一些責任交付給兩個兒子後，花更多時間在動腦思考未來。過去台灣沒有保全業，林孝信創造了第一家；從前台灣沒有混凝土一貫廠，SIGMU集團就打造出第一家。

隨著中保在台灣的客戶變多，朝向雲端化發展，林孝信預期未來傳輸資料量增多，保全業將跨入大數據服務時代，中保在南港建有廣達一萬坪的數據中心基地。

大數據顯然是林孝信最近最念茲在茲的重要趨勢，他透露，光是大數據相關書籍，他就讀了兩遍；以前保全業一天能收到一百萬個訊號，現在

要收一千五百萬個訊號，說不定過兩年，一天要收三千萬個訊號，屆時伺服器要多大？現在就要先預想到，而不是到時候才開始投資。

觀察，然後跟著潮流快走。林孝信解釋，科技進步太快了，每天睡覺醒來都有變化，世界每天都在創新、都在改變，很難建議現在的新創業者該走什麼方向，SIGMU集團現在也在抓潮流方向，邊走邊看。

感受到產業變化，林孝信最常掛在嘴邊的一句話是：不要把現況當成正常。「現在已經沒有第二代，每個人都是第一代！」他提醒，這個第一代生命很短，不超過三年。

即使自父母手中繼承百年基業，林孝信感嘆，身處在這個變動的年代，也不能不做改變。

林孝信（左1）於2011年獲臺北科大頒發名譽工學博士學位。

林孝信 SIGMU集團總裁

沒有企業能舒服過日子而不需要改變既有做法，高科技業也必須跨業合作。過去，企業靠自己研發致勝，但林孝信舉APP的例子，谷歌（Google）可以請一萬個工程師寫APP，但再有創意，也比不上全世界數億人一起寫，面向廣又豐富，也因此，SIGMU集團積極向外合作。

○── 創新的結果比創新更重要

　　世界充滿變數，即使是服務業，也必須一直修改服務模式，林孝信說，沒有人料想到阿里巴巴的網路購物如此成功，現在還能取代銀行，發展支付、分期付款這些金流服務。這，是阿里巴巴創造的新模式。

　　然而，當愈來愈多年輕創業家，以「創業」為目的，林孝信提醒，縱使現在社會講究創新，但創新不是目的，企業求的是創新的「結果」，光談創新也已經不稀奇，更重要的，是如何利用通路力量行銷，讓世界上的人知道這個創新。

　　在國際市場上，技術團隊可以把自己的專利用天價賣給谷歌，但這個團隊若是找台灣品牌業者兜售，以台灣這樣的小市場，還能賣到高價嗎？換言之，必須先清楚通路與市場的力量。所以，他花很多時間研究市場，探索人的需求，而非僅專注產品本身。

　　或許是天生生意囝仔，林孝信本性喜歡變，對任何事情都抱以好奇，他對新科技如數家珍，讓朋友都很狐疑，他真的已是七十高齡嗎？

　　七十三歲的林孝信，還十分跟得上時代潮流，每天都利用LINE跟幹部聯繫溝通。不過，跑在產業最前線的他，認為中保當年成功的方法已經不能給現代年輕人做為創業參考，因為「成功無法複製」，當年會成功的做法，現在再做一次未必會成功。

正因如此，林孝信以自己十多次失敗的創業經驗，分享最實際的心得。他建議，年輕人不必擔心失敗，應該去檢討，失敗反而能蓄積下次成功的能量。

現在很多學生不敢畢業，因為畢業等於失業，林孝信鼓勵年輕人，應該勇敢走出去。他直斥教育中很失敗的觀念，就是：怕失敗。失敗有什麼可怕？他從自己的創業經驗來看，直言「失敗是很正常的！」

他還笑說，「你看小英（總統蔡英文）過去選舉哪一次成功？除了行政院，她沒有任何一次選勝經驗，但她還是走出來。一定要面對，不要怕失敗，也不要一下子想要高獲利，累積經驗會帶來很多好處。」

只是，如今的他，也漸漸成為新創團隊爭取資金的對象，近年接見的團隊不計其數。但他最大的感想是：現在年輕人太狂。

「年輕團隊常拿一個產品來就漫天喊價，這樣會失去很多機會，」林孝信直言：「他會算，我也會算，我是計算你的東西加到我的平台能增加多少獲利，對方卻是以台灣市場規模有多大去推算他的價值，而忽略那個價值必須透過我的通路才能達成。」

他給新創團隊的建議是：人不要好高騖遠，爬樓梯一層一層爬，不要跳。創業一日就成功的機會不多，要一關一關走出去。年輕創業是好事，但也必須思考成功的定義是什麼？是三十歲事業做得好，就是成功，還是企業永續發展才是成功？但無論如何，走入社會，才能累積經驗。

◎——凡事堅持，心無旁鶩

林孝信雖熟知早年大企業家們的苦學勤做史，但他不願拿這些勉勵新一代創業家，他鼓勵現代創業者，應該學學棒球選手王建民——凡事要堅

林孝信 SIGMU集團總裁

持下去，沒有第二條路，不腳踏兩條船，做一件事就心無旁騖。

他坦言，回顧歷史，不管任何企業，跨業都容易失敗；其次，研發必須跟世界接軌，因為現在已經是系統整合的時代，必須加入別人一起合作，才能獲得市場認同。

林孝信愛看歷史，除了從中思考用人之術，藉此預先規劃企業接班的人事布局，也規劃自己的新階段人生。

過去的他，人生只有事業，身邊只有部屬跟員工，現在則有不同思維，開始會經營生活圈、配合親友。他笑說，「這都是為了最後不至於變成孤獨老人所做的改變。」

林孝信一生勇於迎接變化，也樂於享受變化帶來的附加價值，創業四十年的歷程，他一路帶集團向前蛻變，正如他在2015年年初的「總裁文告」所言：網路雲端化將人類文明推進了上百年，這就是「改變」的力量，企業需要勇於改變的人才一同努力，才能協助企業經營持續前進。

文／王胤筠

新普科技董事長 ○

宋福祥

非典型創業
成就全球最大
消費性電池模組廠

秉持老二哲學，卻是全球消費性電池模組廠的龍頭老大。

人生只求簡單就好，公司卻名列全球科技五十強，是台灣唯一上榜的企業。

年近半百走上非典型創業之路，他用四個月時間轉虧為盈，

一次次扭轉他人眼中的不利情勢，寫下台灣科技業傳奇。

　　位於新竹縣湖口鄉的一處靜僻所在，兩棟鑲著藍邊、搭配藍色玻璃帷幕的白色五層樓高的建築物，這裡，是全球最大消費性電池模組廠——新普科技的企業總部，在一號省道旁，低調地各據一側。

　　2009年，新普科技獲美國《富比士》（Forbes）雜誌評比為亞太區最佳中小企業第五名，同年，再獲美國《商業週刊》（Business Week）選入全球科技一百強；2010年底，美國彭博《商業週刊》將它列為全球科技五十強的第二十三名，是台灣唯一上榜的企業。

　　讓新普頻頻躍上版面的，是宋福祥，2010年他獲選為《遠見》雜誌最佳董事長五十強暨總經理一百強，浮出檯面成為企業老大，但其實宋福祥向來只想做低調的「老二」。

◑──老二變老大

　　「我一輩子都是『老二哲學』，」宋福祥開玩笑地說：「命比較好才可以當老二，」因為，「上有人扛（責）、下有人做（事），出了事情下面先被罵，出大事老大就要自己扛。」但要做老二也不容易，要從下面

慢慢往上爬。當了二十六年好命的「老二」，一不小心，他爬上去變「老大」。

新普成立於1992年，是一家專業鋰離子電池模組公司，1998年因經營不善，有意增資四千萬元，朋友請他幫忙評估是否值得投資。

宋福祥心想：兩千萬元股本？這麼小的公司能做什麼？加上工作繁忙，此事就一直拖延。可是，若有負朋友請託也過意不去，就在臨去美國前一天，抽空跑了一趟湖口，才發現那是一家「土法煉鋼」的中小企業。

「真是土到不能再土的工廠，和現在的新普相比，一萬倍之差！」他如此形容當年景況。

◉── 從管理著手創業

這樣的公司，與宋福祥心中理想的投資標的相距太遠，讓他改變心意的關鍵，是新普擁有最基本的技術。

朋友知道新普的狀況後，決定不投資，這家公司轉而詢問宋福祥的意願。然而，「我把錢丟到水裡還有聲音，如果丟錢進去交給原班人馬經營，錢可能就不見了，」他心中揣度著。

當時，宋福祥在美商公司工作，收入優渥，環境乾乾淨淨、設備器具高級新穎；反觀新普，廠辦合一只有三百坪，設備及環境都破破爛爛，兩者是天壤之別，他毫不考慮。

但對方已走投無路，苦苦懇求：「沒有錢，公司就要關門了！」

「如果要我投錢，公司就要讓我管！」宋福祥自認是頂尖的管理者，在外商企業二十六年燙金的履歷，他自信有本事把這家公司做起來。

翻開過往資歷，他曾經任職於美國無線電公司（RCA）資深工程師、

安培電子（Ampex）經理、虹志電腦（AST）處長及金士頓（Kingston）亞洲處長，累積了扎實、豐富的現場管理功力。

1998年6月，新普增資到六千萬元；8月15日，宋福祥到任，擔任董事長兼總經理。那年他四十九歲，年屆半百，誤打誤撞走上這條「非典型」創業之路。

沒想到，增資前，這家公司跟新股東報告，說還有賺一些錢，宋福祥接手後檢視財務報表，才發現是要倒賠六百萬元。

不僅如此，管理缺乏制度、員工都是老弱殘兵，還多半到了該退休的年紀，問題之多，超乎想像。這令他相當氣憤，感覺像是被騙進公司。

◎——十倍速成長

原本就知道老闆不好當，但沒想到會是一條如此辛酸苦辣的不歸路。

「三年後，我要蓋一間新廠房、公開發行股票（IPO）、要掛牌！」山東人的硬脾氣，加上多年管理經驗，宋福祥沒有被惡劣形勢擊倒，反倒對員工做出超乎想像的承諾。

這個承諾，當時沒人相信，反倒引來嘲笑：那麼爛的公司，要找錢都有問題，還要IPO、掛牌？

四個月後，年底結算時，讓人不敢相信，新普竟然賺了一千四百萬元，扣掉前面的虧損，還賺了八百多萬元。新普不僅第一年就轉虧為盈，次年又翻了七‧七倍，獲利七千萬元，第三年更大賺一億多元。

面對他人眼中的不利情勢，宋福祥似乎總能從中找出逆轉勝的機制。

　　2001年9月11日，美國發生震驚全球的911事件，全球投資市場低迷，沒有人敢在IPO市場開第一槍，但宋福祥獨排眾議，堅持按計畫掛牌，甚至為了掛牌日期和訂承銷價，差點和承銷券商吵起架來。

　　那年11月27日，新普正式掛牌上櫃，結果跌破眾人眼鏡，連拉出十四支漲停板。他的承諾，一一實現。

　　從他接手至今，新普年營業額衝高到六百多億元，不僅連年獲利，且

宋福祥認為,人生簡單就好,如同他的服裝,總是白色襯衫搭紅色領帶,若穿外套必然是深色西裝,也不需要名牌,因為他相信,只要你做得好,別人就會認為你是名牌。

幾乎賺到將近或超過一個股本,十倍速成長的亮麗表現,讓新普成為聯電、鴻海、廣達等台灣頂尖企業押寶投資的對象,鴻海更成為新普最大的股東。

要維持一年賺一個股本,不僅要拚,宋福祥坦言,還要非常非常拚。但,除了拚,他的成功,憑藉的是什麼?

1949年出生的宋福祥,1970年畢業於台北工專工業工程科。「要記、要背的國文,我怎麼考都是六十幾分,可是遇到數學,隨便考都是八、九十分,」他說,自己對讀書不感興趣,「小時候常因分數沒有達到標準,被父親修理,還好母親總會衝過來,用身體幫我擋住父親的棍子!」

有時,父親的處罰,是把他關進廁所。鄉下廁所是用幾片木板搭起來,中間留個洞,又髒、又臭、又黑,十歲不到的他很害怕,「最後也是媽媽把我救出來,所以我一輩子都很感念她!」

新普科技董事長 宋福祥

父親嚴厲管教幼子，看似殘酷無情，其實隱藏著望子成龍的深切期待，雖然挨罰，但「我從來不說他一句壞話！」長大後的宋福祥，十分能夠體會父親的用心。

宋福祥的父親祖籍山東，讀到中學即遇戰亂，隨國民政府來台後，落腳在新竹縣內灣。在大陸開過小貨車，在盛產煤礦的新竹山區，找到載運煤炭的卡車司機工作。現已高齡九十二歲的他，在五、六十年前，就常跟孩子們說：「我們是外省人，兩袖清風，憑什麼活下去？只有讀書才能出人頭地，才能跟別人競爭！」

◎——望子成龍

宋福祥記得，小學二、三年級的暑假，父親帶他和弟弟到尖石鄉山上去玩，剛好遇到礦坑坍塌意外，死傷眾多，父親就帶著他們到漆黑的礦坑入口，要他們看著那些全身黑漆漆、被抬出來的死傷礦工。

「不讀書，以後的出路和下場就是這樣，」宋福祥的父親嚴肅地對他們說。那次機會教育，讓兄弟倆大受震撼，張口結舌、驚懼不已。

或許是戰亂飄泊的不安全感，又有無法完成學業的遺憾，每當遇到可能耽誤孩子讀書的事情，宋福祥的父親就會變得嚴厲。

以前鄉下常有迎神廟會，小孩子都會聚集玩彈珠、橡皮膠或紙牌，只要被爸爸看到，宋福祥馬上就會被處罰。因為，「父親的觀念是，萬般皆下品，唯有讀書高」。

所以，雖然不喜歡念書，宋福祥還是很努力，免得再被父親修理。「我有個長處，就是能在很短時間內，很認真把書讀好，」他說，就讀新竹高工期間，為了繼續求學，不讓父親失望，「在高三下學期，經常挑燈

夜戰，不到十二點不睡覺，努力死記、死背文科，準備報考專科。」

鄉下的老舊房子，裡面鼠輩為患，夜深人靜時就紛紛出來活動，原本念書念到昏昏欲睡，看見老鼠鑽進門縫，沿著牆角一路爬，他精神就來了，丟下書本，想辦法圍堵老鼠玩樂戲耍一陣，再繼續念書。那是苦悶歲月裡的一段鮮活記憶。經過半年苦讀衝刺，當宋福祥的名字出現在榜單上，很多人都不敢置信，還懷疑是同名同姓的巧合。

考上工專，是他人生的一大轉折。之後順利畢業、退伍，出社會後，憑著工業工程的專才，獲得在外商工作的機會。

◉——努力嘗試，總會學到經驗

進入外商公司，不僅培養了宋福祥的管理能力，也讓他遇到影響一生的主管。

在安培電子工作時，宋福祥的上司叫John Olson，原本是部門經理，對他特別好，因為「老闆叫我做的事情，我都會做好，他都不需要煩惱，」他說。當John Olson升上安培台灣分公司總經理時，宋福祥才二十九歲，就從主任升上生產經理。

安培在台灣共有六個工廠，宋福祥在安培十一年，就在五個不同的工廠歷練。

「他常亂丟題目給我，」宋福祥說，往往接招後試了半天，發現根本不可行，回頭跟老闆抱怨他的題目有問題，老闆卻總是說：「你不要管，就去試啊！」他的想法是，只要去試，無論結果是什麼，都可以得到很多經驗。

長此以往，他養成「打破砂鍋問到底」與從不說「NO」的習慣。直

到現在，他依舊秉持這種態度，也不允許員工說「NO」，不讓員工隨便搪塞。「公司給你錢、給你時間，讓你去試，做不好沒關係，從中學到很多經驗以後再修正，總有一天會把事情做好，」這是他從John Olson身上學到的觀念。

從相識到現在，已經過了三十五年，兩人至今仍保持聯繫，對知遇之情，他一輩子感念在心。「吃果子要拜樹頭，」他堅信人不能忘本。

◎—— 待人以誠的小樹理論

飲水思源的信念，也反映在宋福祥的用人哲學。

由於記憶背誦能力不好，他坦承，員工的名字可能他背九次也記不住，叫不出名字，但他數學很好，邏輯非常清楚，對金錢、數字、成本非常敏感，「數字造就（企業的）成跟敗」，新普十八年來沒有虧錢紀錄，因此他認為，數字比名字重要。

然而，這並不等於宋福祥的眼中只有數字或利益，相反地，他十分念舊，對於長期合作的夥伴，態度始終如一，無論客戶、供應商，都是如此。「大樹會老、小樹會長大，小客戶有一天也會變大，那時候就是我們的天下！」這是他知名的「小樹理論」，在媒體上廣為流傳。

新普也像一棵小樹，在他親手栽培下慢慢長大。他要求員工對自己講的話要負責任、要符合邏輯，「不懂、不會沒關係，但是要敢承認，要去探究清楚，下次不要再犯同樣的錯就好了。」

宋福祥常比喻，人可分成五等，第一等人是神仙，遇到什麼都沒有問題，但如同神話，一般大概找不到這種人；第二種人是有問題可以立刻解決的聰明人，但不會超過5％，其中只有不到一半會再往上爬，如鳳毛麟

新普科技是全球最大消費性電池模組廠，也是全球科技五十強中，唯一上榜的台灣企業。

新普科技董事長 宋福祥

角;第三種人是遇到問題時不一定能解決,但會跟上面主管通報,大概有80%的人屬於這種中等人。

中等人不會好高騖遠,只要給他機會,就會力爭上游,也懂得感恩。他喜歡用這種人,而且願意像栽培小樹一樣,花時間和心力培植,從不會教到會,耐心等他開花結果。

至於第四、五種人則是後知後覺和不知不覺型的,這兩種人他都不會考慮任用。

○── 做得好,你就是名牌

管理過數萬員工,宋福祥觀察,要成為一個成功員工,必須具備幾項條件:主動、積極、負責、對自己有信心,以及敏捷度。尤其是做電池這一行,如果不夠小心、不夠敏捷,任何一個工作製程沒有做好,就會有安全疑慮,可能會出大事。

他喜歡任用具備這些特質的員工,也看好這些人,不必靠其他無謂的花招,很快就會出人頭地。

在新普,沒有應酬文化,因為宋福祥本身就既不打球,也不應酬。新普最大的股東──鴻海集團老闆郭台銘說:「看不到幾個老闆不去應酬,一樣可以做生意的。」宋福祥就是這種老闆,「把它(公司)做好勝過應酬,自己做得好,人家當然找你買(產品),」他說。

宋福祥認為,人生簡單就好,從他的穿著就能一窺究竟。一套深色西裝、配白色襯衫搭紅色領帶,翻出二十幾年來的照片,裝扮幾乎一模一樣。他的生活從不奢侈,不講究也不崇尚名牌,「名牌是給別人定義的,只要你做得好,別人就會認為你是名牌,」他說得理直氣壯。

對於生活中的許多事，宋福祥都很有自己的堅持及原則。例如：他的作息規律，一旦決定他就會去執行。從當年面對上司的要求總是全力以赴，到克守紀律的人生，「把自己做好」是宋福祥始終不變的態度，對公司和產品自然也有同樣的要求。

◎——全力以赴讓對方安心

「OEM（委託製造）是靠管理賺錢，管理得好，良率高、效率高、報廢率少，賺的是管理財，」宋福祥一針見血地點出OEM產業的經營特性。但以OEM起家的他，早已看清代工前景的局限。

做的是電池生意，但全世界的電池芯掌控在松下（Panasonic）、三洋（Sanyo）、東芝（Toshiba）、索尼（Sony）四家日本企業手中，不僅價格居高不下，供貨時間也難以掌握，影響訂單承接。為了打破這種局面，宋福祥決定自己開發設計，從小客戶著手練兵，幫他們開發產品，從OEM變ODM（委託設計製造）。

這條路並不好走，剛開始轉型時，也繳了七、八百萬元學費。但對客戶，新普秉持「小樹理論」，一路陪著客戶成長，從緯創、廣達切入，再到康柏（Compaq，後來被惠普〔Hp〕併購），一路攻城掠地，再打進戴爾（Dell），造就自己成為全球第一大筆電電池供應商。

2003年，新普轉進大陸設廠，推行自動化策略，更不惜斥資一、兩億元，設立國家二級實驗室，針對自己生產的產品或上游供應商的原材料進行安規測試，目的就是為了確保產品品質，讓客戶可以安心採用新普的產品，不必擔心賣給消費者後會出問題。

宋福祥的創業過程並非一路順遂，過去的難關，他認為都像曇花一

新普科技董事長
宋福祥

現，但他不諱言，現在反而是經營最艱難的時刻，因為找不到主流產品，還要維持高度成長，是很辛苦的過程。

然而，事在人為，他不斷鼓勵員工，要努力攻上山頂，去打獵，去找山中珍寶，開發新的產品，創造更多的可能。

◎—— 劃出最圓、最大的句點

「看別人創業成功不要羨慕，」宋福祥直言不諱地說，不適合當老闆的人，就不要輕易嘗試當老闆；創業要成功，需要天時、地利、人和，最重要的是，根基要扎實，要能吃苦耐勞，做別人做不了的事、吃別人吃不了的苦。

對有心創業的年輕人，他建議：一、思路要廣；二、EQ要好。他認為，EQ比IQ重要，因為「三個臭皮匠，勝過一個諸葛亮」，但是，「一個好的老闆，心胸要寬大，要容得下部屬犯錯，對人一定要公正、公平，才會有人願意為你打江山。」

創業近二十年，已是坐六望七的年紀，宋福祥說：「宇宙星球是無限大的，當人生走到終點時，就要劃下句點，只是句點多圓、多大，沒有人知道。」但只要他在位一天，公司就一定會賺錢，他也會在這個舞台上全力表演，努力讓最後的句點可以劃得最圓、最大。

文／傅瑋瓊

林宏裕

陽光電子董事長

苦學向上發明家
躍身亞洲慈善英雄

他的名字，出現在《富比士》亞洲慈善英雄榜上。

他沒有富可敵國的財富，卻願意傾盡所有，

捐出至少五億七千萬元布施行善。

他是被譽為「台灣愛迪生」的陽光電子董事長林宏裕。

2010年，台灣共有四人登上《富比士》雜誌的亞洲慈善英雄榜，與陳樹菊女士、國泰金控董事長蔡宏圖、晶華酒店創辦人潘思源共同入選的，是被譽為「台灣愛迪生」的陽光電子董事長林宏裕。

數十年來，他靠著自己的發明與專利，累積了一些財富，卻沒有因此奢侈度日，而是把絕大部分財產都捐出來回饋社會，金額超過新台幣五億七千萬元，自己則過著簡樸的生活，並且甘之如飴。

◎ —— 校園內的浮雕

從新生南路側門走進臺北科大校園，你會發現，左側的第六教學大樓後面，有一棟更高的大樓，現在被改稱為「宏裕科技研究大樓」，在大樓一隅則有一座「林宏裕博士浮雕」，這是校方第一次主動為卓越校友所做的浮雕銅像。

林宏裕是誰？為什麼臺北科大如此珍視他？

這位第五十九屆畢業校友，不但是臺北科大第一位名譽工學博士、臺北科大卓越百大校友，同時也是台灣唯一三度得到「中山技術發明獎」殊

榮的獲獎者,更是臺北科大近年來最熱心的捐助者;從2003年起,林宏裕便陸續捐款給臺北科大成立獎學金、興建大樓,在他的捐款金額中,捐贈給臺北科大的款項就占了40%,對母校的深厚情感可見一斑。

他雖然不是富翁,卻活得認真、精采、執著。他的善行跟一路成長的艱苦歷程、勇往直前的奮鬥精神,以及屢獲肯定的發明精神,息息相關。

要描述這位低調的慈善家、發明家,就得從他的成長背景說起。

◯── 逆境使人成長

出身宜蘭鄉間的林宏裕,家境原本小康,但小學畢業前後,祖父投資的糖廠生意失敗,又因替人做保負債,導致家道中落,老家還一度被查封。

林宏裕的父親,原與人合資經營軟木工廠,收掉生意後便在宜蘭老家開設養雞場,才十四、五歲的年紀,林宏裕就得在課餘協助父親,在烈日、塵糞飛揚的環境中努力工作,也養成他刻苦耐勞的特質。

後來父親收掉養雞場,一家人搬至三重,棲身在只有井水、沒有供電的簡陋屋舍,由於微薄的進帳入不敷出,母親也必須為人縫製衣服好貼補家用。

林宏裕最難忘的是,當時母親生病沒錢就醫,結果昏倒在廁所內,讓他看了非常痛心,從此更是砥礪自己,一定要奮發向上,不讓家人吃苦,同時暗暗立下決心,日後行有餘力,一定要幫助有需要的人。

儘管成長過程如此艱困,卻沒有打倒林宏裕,從小功課便很出色的他回憶,最喜愛的科目是自然課,不但常常到圖書館借書,遍覽各種科學知識,很愛追根究柢的他,還常常把老師問倒。

有意思的是,林宏裕在閱讀過程中,發現他最崇拜的科學家愛迪生,

竟然跟他一樣，都出生於2月11日，更讓他立志要當個發明家。

幼時就喜歡拆東西研究、組裝的他，對於收音機等電路相關產品特別有興趣，加上從小跟在父親身邊，看著父親製作、實驗模型飛機、自製電動車，也激發出他對理工的興趣，無形中奠定了發展的方向。

但是，林宏裕坦言，「我其實不是上課很認真的學生，遇到有興趣的主題會一直想，上課也想、上廁所也想、睡覺也想。」正因為如此，回顧過往，林宏裕的成長歷程，正規教育的引導固然不可或缺，可是這種過於專注思考的習性，讓他的上課效率比較差，也迫使他必須採取「自學」的方式，藉由不斷思考、摸索、實驗，去驗證自己的所思所想與假設。

看似聽課不專心的他，其實是太專注於自己正在想的事，因此他特別說：「奉勸天下父母師長，假若孩子上課不專心，不必過度要求，說不定他跟我一樣，是『選擇性專心』。」

而說到自學，林宏裕特別強調，「除了要把學習的主動權掌握在自己手裡，學習也必須出於興趣，讓興趣成為動力，才容易有效果，才容易成功。」

◉—— 從小就有實驗精神

林宏裕能夠成為發明家，除了熱愛思考動腦，自小培養的實驗精神，同樣功不可沒。

初中二年級，林宏裕就巧手組裝出簡易的礦石收音機。他找來報廢的收音機及廢棄的馬達，拆下漆包線，繞成蛛網式線圈、蜂巢式線圈等不同式樣的電線圈，不斷嘗試拉長收訊距離、改善收訊品質。他也很享受這種自己摸索、動手做的樂趣。

為了減輕家計負擔，加上從小就對電學、電器產品非常有興趣，台北工專電子工程科成為他的第一志願。

◎──十七歲設計電磁除鐵裝置

　　求學期間，林宏裕曾在一家石粉工廠打工。石粉製造過程中會混入鐵屑，若不除去鐵屑，石粉就賣不了好價錢。為了解決除鐵設備的難題，他主動向老闆提出自製電磁分離設備的構想。

　　十七歲那年暑假，他孜孜不倦研究著可分離鐵屑的「電磁鐵」，每天中午休息的兩小時，他就在姑姑出嫁後空出的小房間裡進行各種實驗，幾乎到了廢寢忘食的地步。

　　雖然最後提出的裝置不盡完美，但在整個過程中他不斷克服各種問題，尋找解決的答案，不僅增加自信，也更深入將理論與實務結合。

　　提起這件往事，林宏裕笑著透露，當年極為投入這件電磁除鐵裝置研

林宏裕在就讀台北工專期間，就撰寫了生平第一本書，而他也是台灣唯一三度得到「中山技術發明獎」殊榮的獲獎者。

製時，因為其中涉及「以化學方法除鐵」，還曾經向宜蘭縣立圖書館借閱膠體化學、電化學等三本書，內容頗有啟發，讓他「愛不忍釋」，捨不得將書還給圖書館。

二十年後，事業有成，想起這件陳年往事，他決定捐款四十九萬元，將其中四十六萬元拿來濟貧，三萬元償還宜蘭圖書館，做為彌補與回饋。

◎——出書長銷二十餘年

進入台北工專的林宏裕，依舊很會念書，課外活動的表現也極為活躍；他是同學公認的舞林高手，也是柔道校隊選手，還曾在校運競賽奪下蛙式五十公尺游泳冠軍、爬桿冠軍，就連百米賽跑、跳遠，也都有相當出色的成績。

林宏裕的活躍，還結合了自己的發明欲望。為了讓心儀的女生留下深刻印象，他設計出一台燈光色彩調變器，可以根據音樂頻率和音量大小，自動改變燈光的顏色與亮度，增加舞會氣氛，因此大出鋒頭。

說起這段往事，他特別感謝當時的恩師鄭育儒。

「這位老師很會講課，五分鐘就能把複雜的理論講得清楚，」林宏裕很開心能遇到這位老師，使他茅塞頓開，引領他一窺電晶體領域堂奧，也才能設計出燈光色彩調變器。

除此之外，另一位讓林宏裕受益良多的，是講授發明與專利課程的老師陳燦暉，讓他學到發明創作與申請專利的方法，為日後的發明與事業奠下基礎。

林宏裕不只課外活動表現出色，熱愛發明、探索的科學精神，加上愛想、愛鑽研的性格，讓他在十九歲、台北工專四年級時，便寫就了《高傳

陽光電子董事長 林宏裕

真之研究》專書，在畢業前出版，不但在當年（1970年）首開紀錄，其後也無人能望其項背。

林宏裕自我剖析，「從小培養對科學的興趣，是讓我投入創新、研究、實驗的原動力。」甚至，服兵役時，他也沒脫離專業，一邊在通訊修護單位服役，一邊利用時間實驗，又接連寫出《晶體電路速成設計法》以及《OTL・OCL放大器技術》兩本專業書籍。最驚人的是，這兩本書在三民書局長銷二十多年，直到1993年都還持續再版。

◎── 兩項產品奠定未來基礎

1972年，林宏裕從軍中退伍，憑著三本暢銷著作與八張專利證書的傲人成績，向聯美電子投石問路。當時他並不符合聯美電子的招募條件——國立大學畢業，但他憑著強勁實力，在逾百位應徵者中獲得破格錄用。

受雇第二年，也就是1974年，有買家前來洽購林宏裕發明的「萬能尺」，想借用他的專利權生產這項文具，激起他自行創業的雄心。

可惜，由於不懂行銷配套，創業初體驗僅十個月便結束收場，把好不容易募得的四十多萬元資金賠個精光，讓林宏裕深刻體認到，術業有專攻、隔行如隔山，要將好的發明成功上市，除了要有絕妙的好點子，更要有良好的通路與行銷。

「我對第一次創業的人生體悟是，所創之業應符合自己的專業，包含自身具備的專長及客觀條件，例如：通路、人脈，資金來源等，」他從此認清自己的專長在研發，一定要把重心放在自己最拿手的地方。

天無絕人之路，正當首次創業面臨失敗、一籌莫展之際，林宏裕的「萬能尺」竟然榮獲「中山技術發明獎」肯定，於是，靠著這個獎項所頒

林宏裕自費出版個人傳記《陽光的一生》並免費贈閱，希望為青少年與讀者指引一條值得參考的人生之路。

林宏裕

陽光電子董事長

發的獎金，又將兩本著作的版權賣給三民書局，再轉售以前買過的儀器，湊出六十二萬元資金，在二十五歲第二次創業，設立陽光電子儀器廠。

這次，他靠著自己獨家發明的音響測試儀器，以及多項電子儀器專利，讓公司業務蒸蒸日上。尤其是Fo高速測定器與音頻掃描震盪器，反應迅速、精確又耐用，只要是製造揚聲器或電聲產品的公司，幾乎都需要這兩種設備，也讓他因此打響名號。

更難能可貴的是，這兩樣產品因為設計精良，四十年來幾乎沒有大幅修改，不僅成為電子儀器中少數生命週期如此之長的特例，也為林宏裕帶來可觀的收入，為日後的行善布施奠定基礎。

談到這些發明背後的原動力，林宏裕表示，「培養創新與創造力，要從『培養興趣』開始，培養出濃厚興趣，做久了便會專精，若再加上觸類旁通，就容易創新；創新多了，創造力便會隨之增強。」

當然，即使聰明如他，在發明的路上，也難免遇到挑戰，而他的對應之道，就是正視問題，再一步步加以解決，「設法化繁為簡，找出問題的原因，綜合思考各個面向，找到解決方法，謀定而後動；如果還是解決不了，就要思考另一條解決之路，再動手解決。」

◉── 執著一心，成就斐然

成功創業後，林宏裕的生活沒有後顧之憂，他開始想要回饋社會，第一步就從回到母校任教做起。

一般來說，在大專院校教書，必須具有博士學位。不過，林宏裕曾在地位崇高的電機電子工程師學會（IEEE）期刊發表論文，更累積出三十餘件發明、十九件專利，還有三本長銷數十年不墜的著作。

過去，林宏裕為善不欲人知，但在出現帕金森氏症初期症狀後，轉而希望拋磚引玉，讓社會各界更願意投入公益，追求有意義的人生。

林宏裕 _{陽光電子董事長}

他的獲獎紀錄更加驚人，兩度獲得「教育部青年技術發明獎」、三度贏得「中山技術發明獎」，更連續十三年擔任國家標準審查委員。

憑藉這些傲人的專業經驗與實務能力，台北工專在2001年聘請他擔任技術副教授，隨後又升任為教授，並在2007年獲頒臺北科大第一位名譽工學博士學位。

◎──── 陽光普照，不求回報

除了返回母校作育英才前後九年，林宏裕的回饋之心，可以回溯得更早。後來受到媒體大幅報導的善行義舉，早在創業之初，便可窺見雛形。

「我的公司與獎助基金之所以都取名為『陽光』，便是希望能夠學習陽光的精神，普照大地，不求回報，」林宏裕解釋。

四十多年前，他就已有行善之心，只要看到媒體報導有人需要幫助，他就會請員工匯錢協助，出錢的是他，但捐款人即使寫員工的名字，他也不在意。對他來說，所寫的捐款人是不是他並不重要，重要的是行善的那股赤誠。

很多人看到媒體報導林宏裕長期捐款，金額累積至數億元之譜的消息，不免好奇他行善的動力與初心，他總是淡淡地解釋，「悲天憫人之心，人飢己飢之情，其實人人皆有，這是我投入慈善、公益的開始。」

但是真正讓他大力投入公益慈善的原因，與他心愛的女兒一場突如其來的大病有關。

林宏裕的小女兒，在五歲時生了一場怪病，群醫束手無策，無奈之下，他只好前往廟宇求神許願。說也奇怪，就在他承諾日後多行布施善舉時，女兒就奇蹟般快速康復，促使他虔誠還願，投入善行。

回顧一路以來的樂善好施，他表示，賺錢除了為自家溫飽，其實更是為做善事、做公益儲備充分財力；由於自己在清苦環境中長大，養成了異常節儉的習慣，也很能體會生活匱乏者的難處，因此他體驗到「錢財生不帶來，死不帶去」，開始大幅增加捐款濟貧、做公益的金額，一度從每年兩、三千萬元，提高到某幾年達到每年四千萬元至六千萬元。

不過，他也坦言，2014年起，他的捐款逐漸減少，不是因為他不想捐款，而是可捐贈的錢財愈來愈少。

◉—— 傾盡家財，但願拋磚引玉

如此傾盡家財，投身公益，為何林宏裕不曾後悔？

「投入公益慈善愈多，得到的敬重與信任愈多，心靈也會提升到更高的境界。當你不計較名利，心胸會變得更寬大，氣度也跟著提升，」林宏裕解釋。

四十多年來，受過林宏裕幫助的個人與機構不計其數，除了外界熟知的家扶基金會、陳定南紀念園區等，近十餘年林宏裕特別有計畫地大額捐款，主要鎖定兩個對象，一是母校臺北科大，二是家鄉的宜蘭縣政府。

從林宏裕與這兩個受捐單位的合作模式，可以看出，他不但希望捐款，還希望能夠協助將善款用在「對的地方」。他對於捐款的流向、用途、成果極為重視，因此要求受贈單位必須提出年度捐款用途計畫書，受贈單位在完成公益計畫後也必須製作成效報告，讓他可以監督受贈單位將捐款運用至最具「成本效益」的模式。

以往，林宏裕總是不願露面，只想低調行善，默默幫助別人，但在幾年前，他出現帕金森氏症初期症狀，反而心念一轉，希望藉一己之力，拋

陽光電子董事長
林宏裕

磚引玉，讓社會各界更願意投入公益，追求有意義的人生。

　　為了激勵更多人奮發向上、鼓勵更多人投身慈善，他自費出版免費贈閱的傳記《陽光的一生》（張敏超著），將自己的求學之路、發明之路、慈善之路⋯⋯娓娓道來，目的不在宣揚個人成就，而是希望透過傳記的型態，為青少年與讀者指引一條值得參考的人生之路。

　　林宏裕熱切期望，透過閱讀與親身經歷，再度打動人心，就如同幼時他讀過愛迪生傳記後立下志願，引領他走向科學發明之路。

文／李俊明

億光電子董事長 ○

葉寅夫

推翻白光LED門神級專利

開創全球科技產業新局

歷經與日亞化的十年專利大戰，
葉寅夫不僅開創全球LED產業新局，
成為台灣第一大、全球第六大LED封裝大廠，
也為自己贏得「台灣LED教父」的稱號。

位於新北市樹林區的億光電子總部大樓前方，有兩頭形貌勇猛剛強的鐵牛塑像，塑像旁立了一方黑底石碑，鐫刻著十二個勁拔飛揚的燙金書法字：「同心協力　勇往直前　奮戰不懈」。

「這兩頭牛是『戰牛』，象徵我們億光的鬥志；這十二個字，則是我們的精神，」億光電子董事長葉寅夫表示。

在LED領域，葉寅夫已經深耕了三十餘年。

LED發展初期，亮度比現在弱很多，又被稱為「螢火蟲」，葉寅夫從當時便深深愛上這個閃閃發亮的「螢火蟲」，三十多年來，不斷追逐著「光」的方向。

昔日的螢燭之光，如今已經締結成一個光輝熠熠的產業，葉寅夫一手創辦的億光電子，是這片燦爛版圖中，格外耀眼的一顆明星；它不但是台灣第一大，也是全球第六大LED封裝大廠，葉寅夫本人，則被譽為「台灣LED教父」。

1950年，出生在苗栗農家的他，因為生肖屬虎，是天干中的「寅」年，所以被取名為「寅夫」。小時候，母親就過世了，家中有六個兄弟姊妹，食指浩繁，父親為了養家十分勞碌，葉寅夫從小就常聽爸爸感嘆，不

知道何時才能脫離苦海。

「所以，我當時對自己的生涯只有一個想法，就是要早一點讓爸爸享清福！」孝順的葉寅夫，國中畢業後，雖然考上台中一中，但他心想，若是讀普通高中，三年後還要考大學，等到大學畢業後才能出社會賺錢，時間拉太長了，於是，他決定去念台北工專電子科，希望能早些學到一技之長，謀職減輕家中負擔。

葉寅夫天性害羞，加上又是鄉下上來台北念書的小孩，總覺得有那麼一點自卑，他形容工專時期的自己，是一個「角落裡的同學」，一點也不出鋒頭，文靜沉默，幾乎沒什麼存在感。

不過，他非常熱中於學習，特別喜歡實作的部分，「只要親手摸過的事情，印象就會特別深，點點滴滴都深入心裡，不會看完書就還給老師了，」葉寅夫說。

◎── 捨公職，選擇較曲折的路

畢業後，葉寅夫去服兵役，退伍那年正值中東戰爭引發石油危機，物價瘋狂飆漲，「你們可能很難想像，當時連買衛生紙、買米都要排隊。」

當時，台灣還沒有科學園區，比較著名的電子業重心有兩個地方，其中一個在台中加工出口區，另一個則在台北南京東路、敦化北路一帶，巷弄裡原本隱藏了無數小型電子公司，因為這突如其來的劇變，景氣急凍，個個慘澹經營，就業機會也隨之銳減。

在這個時期，只有公家機關比較穩定，其中，為因應物價波動，電信局更是一口氣大幅調漲薪水，很多台北工專的同學因而都選擇到電信局上班，但葉寅夫卻遲疑了，「沒錯，我家裡需要錢，我很想賺錢，但是我覺

億光總部有兩座鐵牛雕塑，不是耕田的台灣水牛，而是戰牛，象徵億光全力衝刺的精神。

得進公務機關，對我來說可能是一種束縛，我還是想到民間企業歷練。」

最後，葉寅夫決定忠於內心，放棄安穩的鐵飯碗，選擇一條曲折但充滿無限可能的路。

他的第一份工作，是在日商船井擔任收音機工程師，後來，覺得發展受限，又換到生產被動元件的美商精密電子（TRW）。為了增加收入，他身兼二職，早上六點到下午兩點多去TRW上班；TRW一下班，他立刻飆摩托車到光寶，上兩點多到晚上十點的晚班。

「雖然辛苦，但兩份薪水加起來，差不多是電信局的一・八倍，讓我

可以多貼補一點家用，」葉寅夫笑著說起這段過往。

光寶是台灣做LED的先驅，在光寶工作的這段經歷，讓葉寅夫與LED結下不解之緣。當時，LED產業才剛萌芽，葉寅夫求學時，根本沒有聽過LED，是工作之後才開始接觸，「哇，這麼小的東西可以發光，真的好迷人！」葉寅夫愈做愈有興趣，只是當時他還不知道，這小小的LED，最後會照亮他整個生涯。

由於TRW與光寶兩個班的銜接時間實在太緊迫，兼差一段時間以後，光寶的老闆要求他早一點到班，葉寅夫被迫只能二擇一，於是，他放棄白天的正職工作，選擇繼續在光寶做他喜歡的LED，而白天的時間，則又再去找了一間補習班兼課，幫想要考電匠技師的人補習。

○—— 為了老父親拚命賺錢

葉寅夫之所以身兼二職如此拚命工作，都是基於對父親的愛。

「我老家只剩下我爸爸，他的喜怒哀樂對我影響很深，他高興我就高興，他擔憂我就很擔憂，」葉寅夫感性地說。

當時還沒有週休二日，工作本身也十分繁重，但葉寅夫仍每星期都回苑裡探視老父親。週六晚上十點從光寶下班後，就騎摩托車到板橋，搭十點四十五分的火車回苗栗，因為時間太晚，下了火車，還得徒步走兩個小時才能到家，通常到家時都已經凌晨一點。

1970年代，台灣正在進行鐵路電氣化，施工進度是一段一段的，有時會因為施工而停在半路一、兩小時，等他回到老家，已經凌晨三、四點。苑裡靠海，冬天非常寒冷淒清，路上只有他踽踽獨行，這樣奔波勞頓，只為了每週都能看看老父親。

「當時，我的月薪加起來已經有兩萬多元新台幣了，是家裡種田一整年的收入總和！」葉寅夫把所有收入都交給父親，一個月只留五百元過日子。一生窮困愁苦的父親，總算有了放心的笑容，這讓葉寅夫稍覺安慰，惕勵自己要再努力一點、要有出息，讓爸爸可以過更好的日子。只可惜，葉寅夫創業時，父親已經過世，來不及看到兒子出人頭地的那一天。

　　基於一股對LED的熱情，葉寅夫在光寶時期，工作非常勤奮，擔任過生產經理與品保經理，整天與機器為伍，對於LED的製造與測試，有許多自己的想法。

　　當時，光寶不少設備是跟德儀購買的中古機器，葉寅夫認為還有許多可以改進之處，他有把握自己可以設計出更節省成本、更能提高附加價值的機器，創業的念頭，悄悄在他內心萌芽。

葉寅夫成長在台灣資源匱乏的年代，但他沒有怨天尤人，反而將這些都當做自我砥礪成長的機會。

葉寅夫 億光電子董事長

但著手創業時，馬上面臨兩大難關。第一個是資金，葉寅夫的父親還在世時，葉寅夫工作賺的錢幾乎都拿回家了，他手頭資金有限，為了籌款，葉寅夫到處標會，湊了一百五十萬元，另三位合夥人則拿出三百五十萬元，1983年，就以這五百萬元開創了億光電子。

第二個難關，則是沒有設備。要添購機器，不只是錢不夠的問題，也很難買到讓葉寅夫滿意的機器。之前在光寶時，德儀的中古設備是零散式的生產法，測試也是一個一個測試，但葉寅夫認為這樣太沒有效率了，若能夠整排一起測試，速度不就可以快幾十倍嗎？

既然用現有資金買不到合用的機器，葉寅夫乾脆連機器都自己做。當時電腦還不普及，葉寅夫是買方格紙自己製圖設計零件，再發包給各廠商生產，等到零件回來以後再自己組裝、調整精密度，就連LED拉陰陽極線的打線機器，也是自己土法煉鋼組出來的。

「我是『黑手』出身的，整天都在摸機器，對機器很內行，自己做難不倒我；我們自己做的機器，比買現成的要好用太多了！」葉寅夫笑說，一般大概只能把良品率控制在80％以上，但是億光卻可以做到98％，而且更快、更有效率。

◎── 拚命三郎，朝七晚十二

葉寅夫創業時，已經有許多競爭對手，規模都不大，但這個市場的客戶對品牌的忠誠度並沒那麼高，LED廠除了要拚品質，也要拚價格競爭力與顧客關係，努力爭取訂單。

創業前三年，公司還很小，葉寅夫是「校長兼撞鐘」，除了管生產、品管，也要跑業務，就連送貨、打雜、掃廁所等庶務也一併包了，「人

家上班族或公務員是『朝九晚五』，而我那三年，每天都是『朝七晚十二』，而且每年只有休除夕夜和大年初一，就連除夕，我也會睡在公司當守衛，以防產品被偷。」

從小苦慣了，出社會以後又一直身兼二職，葉寅夫對於勞碌的生活早就習以為常，吃苦都當做吃補。

那段時間，葉寅夫正好抓到一個很好的機會：美國聯邦通信委員會（FCC）開放電話機管制，台灣做電話機的廠商如雨後春筍成立，LED需求大增。葉寅夫為了爭取訂單，挨家挨戶拜訪這些公司跑業務，晚上送完貨還去跟客戶的採購或研發人員聊天搏感情。

葉寅夫是技術人出身，對產品的專業遠比普通業務強，可以跟對方談得很深入，加上他鍥而不捨的精神，很快就為億光爭取到滿手訂單。億光從創業第一年就開始賺錢，第二年甚至賺進十個資本額。

LED的用途很廣，電視、電話機、音響的顯示面板⋯⋯都必須用到，億光一開始只是做內需市場，1987年以後，則開始耕耘國際客戶。

連續六年資金緊繃

儘管公司一創業就獲利不錯，但億光有整整六年，都處於資金緊張的狀態。

葉寅夫解釋，公司雖有賺錢，但馬上又投進去；而

且當時公司還小，上游廠商怕被倒帳，都要求票期要短，可是億光為了爭取訂單，開給客戶的票期卻比較長，如此一來，資金周轉就會比較緊張，而當時無論是住家或廠房都是租來的，根本沒東西可以抵押，也很難跟銀行借錢。

直到1989年，億光的獲利終於趕上票期的差距，資金周轉總算比較從容，這才開始跟銀行貸款，在土城買土地蓋廠房。

1995年，有創投資金挹注，億光終於獲得一筆比較大的資金，與此同時，葉寅夫也開始考慮公開發行股票，「當年有很多公司掛牌是為了炒作賺錢，但我們上市是為了能夠籌資，把規模做大。」1997年，億光電子上櫃，隔年上市。

不過，億光真正的跨越性成長，是在LED開始應用於IT產品以後。用在電視、電話等家電用途的產品，普通小廠也可以生產，競爭非常激烈，但要應用於IT產品，就非得要質量俱佳不可，這讓億光漸漸拉開與其他同業的差距。

手機與面板背光源的應用，特別是2008年獲得當時全球手機市場霸主諾基亞（Nokia）的大單，更是讓億光一舉躍升為台灣LED封裝廠獲利王。

◎——數據為憑，不空談形容詞

從一家小LED廠，搖身變為營收高達兩百二十八億六千五百萬元（2015年數據）的大企業，躋身全球第六大LED封裝及照明大廠，憑藉的是扎實的技術底子，以及精確的管理。

「我們公司不談『形容詞』的，所有東西全都要量化，」葉寅夫表示，若有部屬來跟他報告，一定要能說清楚數據是什麼，「比方說，你不

能只是跟我說『我們的產品很有競爭力』或是『我會努力』，而是要告訴我這個毛利可以提升多少、產品生產成本可以降低多少，或是可以提供多少附加價值之類的『明確數據』。」

葉寅夫表示，LED是一個競爭非常激烈的產業，只有對產品瞭解夠精深，才有勝出的機會。他經常臨時考校億光幹部各種研發、生產細節，他自己也隨時更新各種數據，「你腦袋裡一定要有一個資料庫，所有數據你都要了然於胸。」

尤其，「品質肯定是絕不能妥協的，那要怎麼提高獲利？就是從生產效率跟管理上著手，」葉寅夫表示，億光給同仁的目標都非常精確，公司設定的合理庫存是三十天，若超過，就要提列50%的損失；超過六十天，就要提列100%的損失。

「全公司上下，不管是生產、採購、研發都要有成本概念，即使是一個百分比也要爭取，你如果沒有隨時上緊發條，對產品認識不夠清楚，就很難落實成本控制與庫存管理。」

◎──為求生存不懼戰

這二十年來，億光不斷成長壯大，但葉寅夫一路走來卻從未輕鬆過，可以說是披荊斬棘，關關難過關關過。

其中，最艱苦的戰役，就是跟日亞化學（簡稱日亞化）的專利戰。以前的LED，只能做出紅、黃之類的顏色，只能當做光顯示產品，用途較窄；1999年，日亞化發表白光LED，震驚業界，這意謂著LED將可廣泛應用在背光與照明上。

其實，沒隔多久，億光也有能力做出白光LED了，只是礙於日亞化樹

立的專利障礙，在各地市場吃盡苦頭，儘管2003年葉寅夫就豪邁花費高額權利金取得歐司朗白光專利授權，但還是難以避免日亞化以侵犯螢光粉專利為由處處掣肘。

日亞化的「925」與「960」專利，前者是關於LED基礎材料，後者則是與白光LED密切相關，應用範圍相當廣泛，曾有人稱之為「門神級專利」，過去台灣LED廠商進入北美市場時，便吃過不少苦頭。

葉寅夫嘆道，這個市場的幾家大廠透過彼此交換授權，「弄得好像是一個講好的封閉club一樣，不准別人進去！」他原本也願意花錢取道進市場，但日亞化卻不願讓億光進來搶食這塊大餅。

「不做白光，我們無法成長；但要做，又會被他們告侵權，我沒辦法，只好正面迎擊！」葉寅夫是個天性不認輸的硬漢，既然日亞化要封殺億光，他也不懼戰，在台灣、日本、德國、美國與中國大陸跟日亞化打官司，提起專利無效及不侵權主張。

這場專利戰彼此各有勝負，一纏訟就是十年。

葉寅夫坦言，這場戰役的代價極高，每年都耗費不貲，「總算讓我殺出一條血路，進入供應鏈，我們現在已經可以到全世界去賣產品了。」而他付出高昂代價辛苦殺出的這條血路，倒是讓一些做LED的韓國公司漁翁得利，直接取徑攻進市場，這點倒是讓他有些五味雜陳。

◎── 追尋未來光的方向

除了深耕零組件市場，葉寅夫也想經營照明品牌。「這不只是單一公司的策略而已，還攸關整個產業何去何從的問題，」他表示，億光是封裝大廠，上游還有做磊晶片和晶粒的晶元光電、泰谷光電，整合上下游，其

實擁有世界級規模，「台灣絕對是有資格、有能力做照明的！」

「我當初原本也想大張旗鼓來做，不過，現階段我們會比較保守，」葉寅夫坦言，正因為LED照明市場大有可為，所以全球業者競相投入，大陸的紅色供應鏈更以低價殺進市場，拚得血流成河，市場秩序仍在混沌中，「我現在的重心會先鞏固我們的金雞母（零組件），至於品牌，我不會放棄，只是會更謹慎。」

葉寅夫花了半生心血在追逐「光」的方向，對於LED，他還有好多期待。他表示，光不只可以用來照明，也可以變成動力，用在更多不同產業的用途上，比如說醫療電子（例如：血壓、血糖感應器）、LED印刷曝光機、汽車電子……，這些領域的進入障礙高，毛利當然也比較高。

「紅色供應鏈擅長玩的是大量生產的價格戰，但是談到彈性化、客製化，億光就比較內行了，」葉寅夫說。

◉── 念舊重情，飲水思源

在商場上作風剽悍、治軍嚴格的葉寅夫，私底下卻是個念舊感性的人。對於滋養過他的這片台灣土地，有著深厚的感情。他與著名聲樂家夫人簡文秀（億光文化基金會董事長）多年來，參與公益不遺餘力。

出生在苗栗苑裡，為了回饋故鄉，1989年，葉寅夫在苑裡設廠，提供當地人一千多個就業機會。此外，有鑑於偏鄉小學學童多是隔代教養，教育資源明顯較少，深信教育可以翻轉人生的葉寅夫，認養了苑裡的蕉埔國小，除了捐贈每間教室投影設備，更長年提供教育經費，豐富教學內容，讓這些孩子能有機會學習資訊、音樂、美術、舞蹈等才藝。

為感念母校台北工專的栽培，葉寅夫以個人名義捐贈一億元給母校，

用以興建教學大樓，創下臺北科大有史以來校友捐款單筆最高金額。

2016年小年夜，台灣發生嚴重地震，死傷慘重，當時葉寅夫夫婦人都在國外，一得知故鄉有難，他馬上越洋指示捐出一千兩百萬元。問及這些義舉善行，葉寅夫只是輕描淡寫地說，「人活著不能只顧自己，飲水思源是做人的本分。」

◉── 專心一意，誰怕景氣榮枯

從億光創辦至今三十多年來，葉寅夫經歷了許多次景氣榮枯，他形容，「簡直就像洗三溫暖一樣。」除了景氣循環，近年來，市場競爭更是愈發激烈，但是，葉寅夫很少負面思考，而是把這些挑戰都當做是「上帝的考驗」，不管大環境如何，他都一直努力尋找光的出路。

「沒錯，LED市場很不好做，但景氣好的時候有人倒閉，景氣不好時也有人賺錢，我深信，只要專心一意去做，總會做出成績的！」葉寅夫豪氣干雲地說。

創業至今，他似乎從來沒有悠閒過，早期是「朝七晚十二」，現在「好一點」，是「朝八晚十」或「朝八晚十一」，但他似乎絲毫不以為苦，反而樂在其中，對葉寅夫而言，點亮億光，就是他的人生使命。

憑著頑強的戰牛精神，葉寅夫將會帶領億光，在LED產業繼續發光、大放異彩。

文／李翠卿

蔡篤恭

力成科技董事長

破局而出
建立全球最大記憶體測試廠

四十九歲時，他從外商公司專業經理人變身成為本土企業老闆。
初時虧損連連，卻在他手上逆轉成為全球最大記憶體測試廠，
他更是《哈佛商業評論》全球繁體中文版「最佳績效CEO」的第十八名，
一次次破局而出，帶領公司朝全方位封測大廠目標邁進。

　　採訪結束前，被問到自己是屬於「英雄創造時勢」，還是「時勢創造英雄」，力成科技董事長蔡篤恭趕緊強調：「我不是英雄啦！」他停頓了一下，隨即坦言：「當初會接下這個事業，其實是一種因緣際會……」

　　有著一頭醒目白髮，總是瞇著雙眼、帶著笑容的蔡篤恭，形象宛如親切的鄰家長輩。1950年出生的他，台北工專工業工程科畢業後，便投入電腦產業。一路參與了台灣電子工業由家電產品轉型到資訊相關產品，個人職涯也屢創高峰，三十九歲就當上了知名外商虹志電腦的台灣區總經理。

◎── 日式家教養成自律性格

　　1997年，原本準備要退休的蔡篤恭，在昔日同事、金士頓創辦人孫大衛的邀約下，設立遠東金士頓；兩年後，又接手力成，將原本虧損連連的力成推上全球最大的記憶體封裝測試廠。

　　2016年，《哈佛商業評論》（*Harvard Business Review*）全球繁體中文版首次與英文版《哈佛商業評論》合作，調查本土版「最佳績效CEO」，在執行長五十強中，蔡篤恭拿下第十八名，領導企業的績效表現，深受肯定。

蔡篤恭 力成科技董事長

這份風光，得來不易。力成轉虧為盈之後，又面臨了大客戶破產、專利侵權訴訟的衝擊，靠著蔡篤恭過人的毅力，才得以走出低潮，再創亮麗業績。

「沒有永久的成功和失敗，如何保持成功，以及轉敗為勝，考驗著領導者的智慧，」蔡篤恭語重心長地說。

在員工眼中，認真、務實，勤於走動管理的蔡篤恭，平日生活十分簡單，作息規律，早睡早起。這個特質，多少跟他從小的成長環境有關。

蔡篤恭是台中梧棲人，八個兄弟姊妹中，排行老五，家族成員眾多，許多長輩都是接受日式教育，包括蔡篤恭日據時代在台中港上班的父親，對孩子的管教十分嚴格，形成他自律的個性。

自認小時候熱中運動、不愛讀書的蔡篤恭，國小畢業時，拿的是全校第一名，初中、高中都是在台中市市區就讀，由於父親堅持不讓他住校，只好通勤上學，單趟車程就要一個多小時，為了讓他每天趕得及早上五點五十分出門搭車，母親四點半就起床為他準備熱騰騰的早餐，「我到現在還是很懷念那個味道，」蔡篤恭感性地說。

◎── 在挫折中學會務實

高中畢業後，蔡篤恭考進了台北工專，初入學時，曾經發生過一段小插曲，至今仍記憶鮮明。

從小就愛打球的蔡篤恭，自認打得不錯，體育老師也看過他打排球的身手，便找了他和另外幾位新生到校隊觀摩，希望透過比賽現場熱血沸騰的氛圍，吸引他們加入校隊。當晚，台北工專排球校隊跟師大排球校隊有場友誼賽，「因為雙方球技相距甚遠，自家隊伍變成對方的『肉靶』，而

力成科技董事長

蔡篤恭

我也認清了自己的實力，還是乖乖念書，比較實際，」蔡篤恭笑道。

決定好好念書之後，蔡篤恭就全心投入課業。「當時，台北工專的工業工程系，教學非常扎實，我們除了學工廠的管理，也會接觸電子學、電工學、動力學、應用材料等機械相關知識，」不僅如此，他從一年級開始，就到學校的實習工廠「從做中學」，讓他對於課堂所學有更深的體會。

蔡篤恭記得，這套理論與實務兼俱的學習規劃，出自於當時的科主任趙淳霖之手，他同時也負責作業研究這門課，授課內容充滿啟發性，老師本人又頗具學者風範，讓蔡篤恭留下深刻印象。

值得一提的是，在1970年代，許多人還不知電腦為何物時，台北工專就已經有一組IBM電腦，開放給所有科系的學生使用；只要寫好程式，就可以利用Fortran程式打孔卡將程式輸入電腦，確認是否可以正常執行，蔡篤恭感到十分新鮮，甚至還影響了他後來的職涯選擇。

「這些課程安排，對我們日後進入社會工作，助益良多，」他說。

◎── 趕上電腦產業崛起的浪頭

蔡篤恭畢業後的第一份工作，是在美商「台灣電子電腦公司」。說起來，這個選擇其實是個「美麗的誤會」。

學校因為有了電腦，校園中經常出現IBM的業務人員，個個西裝筆挺，感覺十分帥氣，加上蔡篤恭從小就看父親上班時總是穿戴整齊，耳濡目染下，他覺得將來自己要做的工作，一定要是可以穿西裝的「體面」工作，便暗自下定決心，未來要進電腦公司。

然而，他雖然進了一家名稱有「電腦」的公司，上班後才發現，自己還是在工廠工作，「本以為可以穿西裝，沒想到還是穿夾克，」蔡篤恭打趣道，不過當他瞭解那些穿西裝的業務人員，除了拜訪客戶，主要工作不外維修設備，而工廠才是能讓他發揮所學的舞台，蔡篤恭也就釋懷了。

不過，蔡篤恭很慶幸自己做了這個決定。他指出，當年台灣的「電子業」，以生產家電用品為主，像他們在校期間所參觀的工廠，不是做電視，就是做冰箱，而他任職的台灣電子電腦公司，則已經跨入電腦記憶體領域，正好趕上電腦產業崛起的浪頭。

◎── 追求突破，轉換戰場

這份工作，蔡篤恭做了九年，由於他在美國的主管跳槽到電腦周邊及影視設備製造商安培，他也跟著轉換戰場。

因為要建立專門提供製造服務的電腦部門，蔡篤恭開始深入研究物料需求計劃（MRP：material requirement planning）系統、企業資源規劃（ERP：enterprise resource planning）系統，也有機會參與公司決策，其中涉及財務分析等等專業知識，他才體會到，為什麼當初念的是工業工程，卻還需要學普通會計、成本會計、工商法等商業知識。

他在安培任職五年，最高爬到了處長這個位子，僅次於總經理。此時，檢視未來職涯規劃，他判斷，公司的總經理都是由美籍人士出任，自

蔡篤恭認為，創業要有理想，才知道「為何而戰」，但還要有正面思考、不斷學習的能力，以及洞悉未來的眼光，才能將理想走得長遠。

已是個華人，在安培想再上一層樓，機會應該不大。機緣巧合，某次赴美出差，跟生產微電腦擴展卡的虹志電腦有了交集。

蔡篤恭透露，當初是虹志電腦門口停放的三輛高級跑車，吸引了他的目光，進一步瞭解後發現，這家公司的三位創辦人中，有兩位是華人（香港人），一位是巴基斯坦人，國籍應該不會成為晉升的「天花板」，而他們當時正好要進軍個人電腦產業，需要有人負責在遠東地區建廠，雙方一拍即合，蔡篤恭便接下了虹志電腦台灣區總經理一職。

當時，全球市占率最高的個人電腦公司是康柏，其次便是虹志電腦，蔡篤恭在台灣負責系統組裝，「我應該算是台灣最早做個人電腦的人之一，仁寶、廣達都曾經是我的供應商，」蔡篤恭語帶自豪地說：「對於台灣電腦產業的發展，我應該也算是有一些貢獻。」

不過，個人電腦市場競爭太激烈，虹志電腦風光不到十年，就由盛轉衰，在1996年被三星（Samsung）電子收購。見證一家公司從草創、成長

到高峰，接著衰敗、消失，給了他很深的感觸。

○──── 為金士頓打下亞洲江山

學校畢業之後，蔡篤恭便全心打拚事業，任職於台灣電子電腦公司時，新婚不久，就外派美國，他完全配合，當時其實是有機會移民美國，但是為了工作，當組織發生改變，總經理問他是否願意回台灣，接下新的任務，他也二話不說，放棄拿綠卡的機會，毅然返台。

蔡篤恭對工作百分之百的投入，升遷上也算一帆風順，如願當上了總經理，只是之後眼見虹志電腦的盛衰起落，讓還不到五十歲的他，萌生了想要退休的念頭。

當時他原本計劃移居加拿大，手續都辦得差不多了，卻遇上孫大衛前來叩門。兩人在台灣電子電腦公司曾經共事，交情還不錯，在孫大衛的力邀下，蔡篤恭選擇鼎力相助。

如今是全球最大記憶體獨立製造商的金士頓，當年的規模還不算大，製造部分也是外包，孫大衛找來昔日戰友，是想借助他豐富的實戰經驗，在亞洲成立生產基地。

蔡篤恭先是擔任金士頓遠東區的總經理，後來成為董事長。他以科學工業園區做為出發點，從登報找員工，到後來陸續在馬來西亞檳城、中國上海設廠，「金士頓在亞洲的基礎，可以說是在我手上建立的。」

1997年，力晶與IC封裝測試公司鑫成科技合資六億元，設立力成科技，主打記憶體晶片封裝技術開發與測試服務。蔡篤恭在當時鑫成科技財務副總經理的牽線下，他和孫大衛在力成辦理現金增資到新台幣十億元時投資大約兩百萬美元。

然而，力成營運才一年多，蔡篤恭就獲知力成虧損，原本孫大衛打算認賠了事，但是蔡篤恭認為，是他找孫大衛投資力成，造成對方的損失，他覺得很不好意思，加上力成擁有金士頓當時需要的測試設備，便和孫大衛協議，1999年1月，由金士頓再投入力成十億元，成為最大股東，蔡篤恭也在那時成為力成的董事長。

原本計劃退休的蔡篤恭，不但為金士頓在亞洲打下江山，而且還從力成的投資者，變成了經營者，踏進封測這個新領域。

◎──員工第一，供應商第二，客戶第三

力成科技成立之初，原本前途看俏，卻遭遇動態隨機存取記憶體（DRAM）價格大跌，加上客戶訂單不足，產能利用率過低，導致財報連續兩年虧損。

蔡篤恭透露，當初他接手力成，每個月營收不過七千萬元，卻有四十幾個客戶，為了照顧這麼多客戶，資源難免分散，獲利有限，於是他第一個動作就是「聚焦」，捨去手上的小客戶，只留幾位重要的大型客戶，這種「重質不重量」的做法，讓力成業績出現轉機，1999年10月便做到當月損益平衡。

之後，力成陸續接到日商東芝、爾必達（Elpida）兩家記憶體廠的封測訂單，營收和獲利都屢創新高。

蔡篤恭坦言，力成能得到兩隻金雞母，背後都有金士頓穿針引線，像金士頓本來就是東芝重要的客戶，而爾必達為了要買下恩益禧（NEC）的晶圓廠，獲得金士頓的資金援助，因為這層淵源，讓力成爭取到訂單。

值得一提的是，在2001年，東芝決定退出DRAM產業，基於跟金士頓的友好關係，東芝釋出善意，看力成需要什麼樣的技術，東芝可以優先移轉，而蔡篤恭選了當時在市場上還算冷門的儲存型快閃記憶體（NAND Flash）封測技術。

東芝欣然接受蔡篤恭的要求，唯一的條件，就是取得股份，成為力成的股東。由於NAND Flash具備高速傳輸以及抗震等優點，隨著行動裝置風行，也成為熱門的記憶體產品，加上爾必達帶來的DRAM生意，讓力成享受了近十年的榮景。

身為力成的掌舵人，蔡篤恭除了積極為公司找生意，同時也不吝將營運佳績與員工分享。

「在力成，我把金士頓的企業文化移植過來。我們是把員工放第一

位，供應商擺第二位，最後才是客戶，」蔡篤恭指出，「其實，你對員工好、對供應商好，他們的回饋，就是把對客戶的服務做得更好。」

每年調薪，是力成照顧員工的最基本要求。但，蔡篤恭認為，對員工來說，薪水和福利之外，心理的感受也很重要，所以他經常在生產線走動，除了有助於掌握生產效率和生產成本，也是藉機跟員工互動，到了用餐時間，他和其他高階主管都會跟員工一起排隊用餐，拉近彼此關係。

關於蔡篤恭善待員工，還有個小故事。他剛入主力成時，發現很多員工心情不好，追問之下，才發現他們在力成增資時，以每股十二元認購了公司股票，然而公司股票的市價已經掉到每股八元。不少人還是跟銀行貸款買股票，心理壓力非常大。為了讓員工能夠安心工作，蔡篤恭就與孫大衛商量，用每股十八元向員工買回股票，讓員工可以專心工作，並承諾員工，當股價高於十八元時，可以再次向公司買回。

◎── 當機立斷，因應危機

走過草創時期的艱辛，2003年到2010年，力成穩扎穩打，邁向巔峰期，「當時，力成根本就不需要去找客戶、也不用擔心訂單，業績一路快速成長，遠超乎預期，獲利好到就連英特爾（Intel）的創投公司也想投資，」蔡篤恭回憶。

不過，榮景下也有隱憂。由於力成有東芝、爾必達兩大客戶的加持，特別是後者的DRAM封測就占了力成營收比重的四分之三，客戶過度集中的結果，就是公司對於轉型較不積極。

然而，2011年起，記憶體在景氣衰退的衝擊下，全球第三大DRAM廠爾必達宣布減產，隔年第一季更是無預警申請破產保護，對於營收相當仰

賴爾必達的力成來說，自然是一大危機。

　　營收衰退，股價一路下滑，部分小股東罵聲連連，蔡篤恭曾經壓力大到每晚僅睡兩小時，苦思如何走出風暴。

　　另外，早在2003年，力成曾和美國Tessera公司簽訂一項封裝技術授權合約，不察合約中要求力成在專利過期後，仍要繼續付權利金，之後力成曾多次向Tessera反應，對方仍不願意更改授權金的計算公式，雙方陷入長達數年的訴訟，也讓蔡篤恭感到十分棘手。

　　經過多次法院攻防，蔡篤恭決定，長痛不如短痛，在2014年砸下巨資（美金一億九千六百萬元，分五年支付）與Tessera達成和解。蔡篤恭承認，花這筆錢當然很心疼，不過，從此就可以不再受到這個合約的束縛，也有助於降低未來代工成本。至於他布局多年的高階邏輯IC封測，也在隔年逐漸站穩腳步，約占營收三成，成為力成另一條重要產品線，算是走出了爾必達破產的低潮。

　　蔡篤恭不諱言，和Tessera打官司，以及失去爾必達這個大客戶，是他接手力成之後最大的兩個難題，最後終能破局而出，取決的還是對員工的責任感，「只有你一個人，一走了之當然很容易，但是想到有那麼多員工需要你照顧，你就得逼自己去面對問題，並想辦法解決，」蔡篤恭強調。

　　正因為經歷過企業的盛衰起伏，對於創業這件事，蔡篤恭認為，理想很重要，因為有理想才知道「為何而戰」，至於要將理想走得長遠，就必須要有正面思考、不斷學習的能力，以及洞悉未來的眼光。

　　1972年從台北工專畢業後，蔡篤恭雖然沒有再進學校念書，但是四十四年來，他每一天都在學習，靠著在職場上日積月累的智慧，終將「路遙知馬力」，以全方位封測大廠為目標，帶領力成繼續前進。

文／謝其濬

跨世紀的產業推手

20個與台灣共同成長的故事

鐿鈦科技總裁

林寶彰

黑手班長
打造醫材隱形冠軍

在台中精科路上，它與兩家股王企業上銀、大立光比鄰而居也毫不遜色，

因為它不僅拿下2015年經濟部「卓越中堅企業獎」，

更以「黑手」企業之姿，成為國際醫材大廠長期合作夥伴，

瞄準牙科與骨科高階醫材，挑戰自有品牌之路。

「我是農民出身，踏入社會時做了黑手，又誤打誤撞開了一家小路邊攤，這樣而已啦！」鐿鈦科技總裁林寶彰談到創業歷程，妙語如珠地下了一個注腳。

他不斷謙稱自己的事業「其實很小很小，不值得一提」，可是他口中的這家「小路邊攤」，卻一點也不簡單。

創業之初，從自動包裝機做起，再切入金屬加工領域，之後更轉型為高門檻的醫療器材、精密扣件、微波開關研發生產製造商，是國際醫療產業龍頭的全球前五大金屬加工類產品供應商，也是該公司亞洲區的策略合作夥伴。2015年，鐿鈦科技還獲得經濟部「卓越中堅企業獎」，雖然作風低調，卻是實力不容小覷的「隱形冠軍」。

台北工專機械科校友林寶彰是鐿鈦科技這家「隱形冠軍」的幕後催生者，當年他為了能夠如願到台北工專讀書，可是煞費了一番苦心。

出生於1952年的他，是台南後壁鄉的農家子弟，初中畢業後，順理成章到離家不遠的嘉義高工機械科就讀，因為家中有七個孩子，負擔很重，父母都期望孩子能夠早一點自立。

高工畢業後，班上許多同學都想升學，林寶彰也不例外，而有「就業

保證」美譽的台北工專，則是大家最憧憬的目標；同學們大老遠從台南搭火車北上參加招考，「結果放榜後，全班只有我一個人考上！」回想起少年時代的「戰績」，他忍不住微笑。

勇敢爭取每一次機會

金榜題名的消息傳回學校，同學紛紛起鬨要林寶彰請客，但他家中經濟並不寬裕，哪有閒錢可以請客？最後，還是祖父大方拿出三百元新台幣，買了西瓜和仙草冰給同學們打牙祭，讓大家一起同樂。

「阮阿公在日本時代讀過日本冊，瞭解教育的重要性，他很贊成我去讀台北工專，可是，我媽媽卻要我『麥擱讀啊，趕緊去工廠上班賺錢卡實在』……」好不容易考上台北工專，他當然很想去讀，但他繳不起兩千三百元的註冊費，祖父雖然支持，但手頭也沒什麼餘錢，幫不上忙。

「我知道家裡的經濟狀況，不會怨嘆，也不會去苦苦哀求我媽媽，自己的路自己想辦法！」林寶彰居住的村子裡，有兩個很有錢的「好業郎」，他盤算，若能夠給他們當乾兒子，就能北上讀書了。

這個想法聽起來似乎有些異想天開，但他天生就是一個問題解決導向的人，「我有一點叛逆，我想要做的事情，無論多少阻力，我都想試試看。」既然眼前有「可能的資源」，不妨就試試看，「大不了就是碰一鼻子灰而已，但要是成功了，事情不就解決了嗎？」

不過，在林寶彰的計畫付諸執行之前，可能是被兒子想升學的渴望打動，媽媽硬是籌出一筆註冊費給林寶彰，總算讓他可以北上讀書。

當年，電子科與機械科是兩大熱門科系，林寶彰評估，如果選電子科，產業起伏可能較劇烈，但只要是製造業，就用得著機械，因此他在嘉

義高工和台北工專都選擇機械科。

台北工專一直是技職名校，林寶彰回憶，當年班上的同學，都是來自全台各地最頂尖的學生，跟這些菁英一起學習，彼此切磋砥礪，學習效果當然倍增。不過，對他來說，在台北工專最大的收穫，除了專業知識，還有「當班長」的經驗。

○── 當班長，提前磨練社會技能

或許是林寶彰個性比較熱心，求學過程中，當班長的經驗特別多，初三、高三都是班長，上了台北工專以後，也被教官指派為班長。

台北工專的課業頗繁重，而且要求極為嚴格。林寶彰回憶，當年熱力學教授規定，考試時必須想清楚後才能下筆作答，試卷上只要有任何塗改、劃掉的痕跡，那一題即使答案正確仍不計分，目的是為了訓練學生縝密思考。到現在，他還記得，教授板著臉訓斥他們：「你們以後出社會做事，如果做錯，也是不可能塗改的，現在就要養成好習慣！」

不只熱力學，每一科都要求極嚴，同學們怕被當，都花很多時間在讀書或實作上，「但我身為班長，沒辦法像其他同學那樣全心應付功課，必須花費許多額外心力處理班務，」林寶彰說。

例如：班上要買書或採購任何東西，班長得負責收款、聯絡、分配工作；班際或校際有比賽，班長得出來協調眾人練習、帶隊比賽；有同學受傷，班長得送他到醫院；老師的太太過世，班長得代表同學去參加公祭；畢業前要舉辦謝師宴，班長得徵詢大家意見、安排場地、準備謝師禮物；討論事情時若同學意見不同、相持不下，班長還要出面溝通取得共識……

「反正不管什麼雜七雜八的事，班長都要管，說實話是很累，但也因

此可以接觸到很多書本學不到的眉眉角角，」林寶彰表示，因為當班長，讓他可以學會一些待人處世的道理、協調統籌、時間管理的技巧等等，「這些事情出社會也是要面對，在學校時就有機會練習，不是很好嗎？」

「所以我後來一直很鼓勵我的小孩去當班長，」林寶彰說，他兒子在國三時被選為班長，回家後憂心忡忡說，畢業班事情多，在這個節骨眼當班長，可能會害他考不上台中一中，林寶彰正色說，「考不上台中一中有什麼關係？可以念別的學校，但班長不能不當！」

到了高三，孩子又被選為班長，便對林寶彰說，「這樣我可能考不上台灣大學。」一般家長大概會覺得讀台大比當班長重要，但他卻對兒子說，「考不上台大啊，你不會回台中讀逢甲哦？當班長比較重要啦！」對他來說，專業知識固然要緊，但做人處世的「軟實力」，絕對比文憑更重要。

林寶彰（後排左1）在台北工專的最大收穫，除了專業知識，還有「當班長」的經驗，因為可以藉此接觸到許多課本上學不到的為人處世技巧。

林寶彰的父母原本希望兒子畢業後可以去當公務員，但林寶彰的夢想是創業，雖然短時間內還無法圓夢，但這是他的目標。

在著手創業前，他也在外面「吃過幾年頭路」。首先以第一名成績考進日本高級音響公司TEAC，工作一陣子之後，覺得跟所學相差太遠，又換跑道到潭子加工出口區裡另一家做封裝的日商三洋擔任生產經理。

「我二十六、七歲時，就在三洋管四百人的生產線，」林寶彰說，因為念

理工，生活圈裡接觸的多半都是男生，但生產線上的作業員大部分都是女生，剛開始連上台講話都會臉紅，「幸好以前當過班長，有磨練出一些處理人事物的能力，很快就上手了。」

從那個時候開始，林寶彰就學會一件事：管理人若要服眾，最重要的原則有二：第一是以身作則，第二是尊重。

「不管前一天晚上工作到多晚，我這輩子上班從來沒有遲到過，每天都是七點左右就進公司，」林寶彰表示，做主管的人自律嚴格，同仁自然也不會怠惰；他創業以後，從來沒規定同仁要打卡，一直到近幾年因應政府規定，公司才必須刷卡記錄上、下班時間，但在這之前，公司同仁也未曾鬆散過，「因為，主管做榜樣，絕對比硬性規定有效。」

以身作則，可以讓員工起而效尤；尊重，則能帶人帶心。

從以前到現在，林寶彰對所有共事者都平等對待，他很少用「員工」這個詞，都說是「同仁」；帶部屬去會客，他跟客戶介紹時，也都不說「部屬」而說是「同事」。不只一般同仁，就連對公司的警衛、做清潔的阿姨、開車的司機，也一律都客氣稱為「同事」，林寶彰說，「對我來說，大家進了這個大家庭做事就是『同事』，沒有尊卑之分。」

◎── 大膽走上創業路

在日商工作五、六年，由於因緣際會，林寶彰在同學的公司看到食品專用的自動包裝機，觸動了他回機械老本行創業的念頭。

當時台灣做吊扇、門鎖等產品都需要用到螺絲，可是通常都是靠人工揀貨，自動包裝機很少，他靈機一動，就想自行開發可以做螺絲包的自動包裝機。1985年，林寶彰賣掉房子，籌到五十萬元，找來弟弟一起創業，

最初名為「鐩泰興業」，而後又更名為「鐩太興業」。

因為林寶彰的父母親比較保守，他怕遭到攔阻，於是先斬後奏偷偷創業，瞞了半年才讓父母知道，兩老一聽到兒子去創業，還把弟弟也「拖下水」，既震驚又憂心，他父親因為過度擔心寢食難安，壓力大到牙齦都浮腫了，而母親則是不斷叨唸他：「你知不知道創業很難耶？還要到處去跟人低聲下氣！」

父母擔心的這些事情，林寶彰不是不知道，但就像他當初想盡辦法要念台北工專一樣，只要是自己一心想做的事情，什麼也攔不住！

「有人問我當初敢出來創業，是因為技術強嗎？還是有很多資金？我說，通通沒有，我有的是『膽子』，敢『撩落去』，」林寶彰笑著說。

林寶彰雖然客氣謙稱自己並沒有超強技術，但他當時自行設計開發的螺絲自動包裝機，一分鐘內可以包裝四、五十包，比市面上只能包七、八包的機器快五倍以上。

◎──人生的三不政策

然而，創業維艱，花了一、兩年開發產品，錢就燒光了，只不過林寶彰是個很能面對現實的人，他要弟弟先留在他們創業的公司守著，自己暫時先去找工作賺錢。「我並沒有放棄，但現實就是沒錢了，我必須先停下來想辦法。」

透過同學牽線，林寶彰到台中生產力中心工作。他還記得，騎摩托車去報到的第一天，半路遇到大雨被淋成落湯雞，進到中心，狼狽地把履歷表交給行政人員，對方態度不善地質問他：「你為什麼沒寫地址？」

林寶彰解釋，自己才剛找到租屋處，還不知道詳細地址，但仍被行政

林寶彰
鐩鈦科技總裁

人員唸了一頓，讓他尷尬萬分，「我當時才深刻意識到，我的人生竟然落魄到連住在哪裡都不知道……」不過，林寶彰並沒有沮喪太久。

「我的人生有『三不』，第一『不』，是不叫苦、叫累、叫煩，抱怨愈多，會愈覺得自己真的很悲慘；第二『不』，是不嘆氣，嘆氣會失志，失志就沒辦法東山再起；而第三『不』，則是不說『我不敢』，敢還有成功機會，一旦不敢，就輸掉了！」他認為，成功是比氣長，咬緊牙關撐過去才有機會贏，如果總是想著眼前的辛苦勞累，就不可能成功，「做人應該要正向思考，不要看負面。」

生產力中心的工作是去輔導各中小企業做內部管理，像是人事管理、成本控制、生產管理等，因為經常跟企業老闆聊天，讓林寶彰有機會跟他們深入交換一些如何投資、選市場、擬定策略等格局較大的經營心得。

林寶彰自己有創業經驗，跟這些老闆們有「共通的語言」，格外能體會他們的心情與處境，「這段經歷對我來說還滿有幫助的，一方面我們輔導廠商，另一方面，我自己也在向廠商老闆學習。」

◎—— 一步一腳印，轉型升級

在生產力中心工作兩年後，林寶彰回到他念茲在茲的鎰太興業，公司也開始轉型，從做螺絲包裝轉為螺絲製造銷售。

鎰太興業生產的螺絲頗受歡迎，生意還不錯，卻也常遇到客戶叫貨但最後跳票的事情，還得上法院打官司。

回顧那幾年克難經營，林寶彰風趣地說，「就是賺一些又被倒一些，但整體來說，算是有賺到一點吃飯錢啦，心裡也覺得不錯了，剛創業時，可是連買菜錢都沒有呢！」到這個階段，公司算是漸入佳境了，營收主力

也從低階的自動包裝，轉移到進入門檻較高的精密扣件，獲利漸增。

　　至於技術實力和業績開始有比較顯著的成長，是始於一支用在硬碟上的特殊螺絲。

　　當時某國際知名硬碟商想要一批特殊螺絲，與其他合作廠商磨了很久仍做不出來，林寶彰對於開發高難度的特殊螺絲向來十分感興趣，「人家愈做不出來的東西，我就愈想做看看。」花費許多心思，終於開發成功，也為公司帶來豐厚收益，「光憑那支螺絲王，一個月就可以幫公司賺一百多萬元！」

　　近年來，鐿鈦科技在醫療器材領域的表現，吸引不少關注。但林寶彰很誠實地說，之所以會從精密扣件切入這個新領域，並不是因為自己有多高瞻遠矚、刻意布局高毛利產品，而是正巧遇上一個機緣。

不以現況自滿，林寶彰（前排中）與同仁持續努力，朝向品牌之路邁進

林寶彰 鐿鈦科技總裁

在1993年前後，有個貿易商客戶接到一家國際醫療龍頭的訂單，要做微創手術用的手術刀頭，可是他們找人開發了整整兩年還是沒開發出來，當時景氣很好，絕大多數的公司都忙著賺錢，不願意浪費時間、資源開發這種難度高、量又不大的產品。

貿易商總經理問林寶彰有沒有興趣試試看，但他乍聽是「醫療器材」，覺得跟本業差太多，剛開始婉拒了。後來鑑太興業的副總拿著貿易公司給的圖面來跟林寶彰討論，他仔細一看，不禁十分驚喜，「說是手術刀，但其實就是一種異狀螺絲嘛！」

◎——「螺絲」手術刀，挑戰技術魂

這支特殊的「螺絲」，喚起林寶彰喜愛挑戰高難度產品的技術魂。他集合中部做沖壓、打螺絲等領域的各路好手人脈，想辦法開發可以做出那種手術刀頭的模具，並且和貿易公司雙方各出三個人，組成一個六人專案小組，研究要如何才能達到客戶想要的超高精密度。整整花了八個月，每天都研究到很晚，完全沒有休假，最後，終於成功開發出這個刀頭。

林寶彰表示，其實那時候根本沒有確定的訂單，但他們還是不計代價拚命嘗試，「因為做了幾個月後，已經對那個產品『有感情』了，無論如何都很希望能夠成功做出來。」

不過，就算開發成功，也不代表能順利拿到訂單。國際醫療大廠都很謹慎，就算鑑太興業能做出他們要的產品，他們還是不敢貿然下單，前後派了很多人來勘查這家公司的管理、環境、制度、資金、專利等環節，甚至還詳細調查了負責人林寶彰的形象和為人，大費周章確認一切都沒問題後，才肯下一張很小的訂單。

「有多小？真的很小很小，小到金額只有二、三十萬元而已，」林寶彰苦笑說，那一陣子，做螺絲的獲利全都用來貼補手術刀頭。

不過，做了幾張小單子以後，彼此漸漸產生合作默契。大約是合作一年後，這家國際醫療大廠要開發第二代穿刺刀，但他們在美國原有的兩家供應商，無法做出合乎要求的產品，沒想到鐿太興業這家台灣小公司卻做出來了，「從那個時候起，才開始有比較大的訂單，不過，真正得到可以『量產』的訂單，已經整整過了三年。」

林寶彰說，自己並沒有刻意「轉型」切入醫療領域，「我們只是先讓自己具備足夠的技術能力，等到機會來了，才有辦法把握。」

林寶彰剛成立鐿泰興業時，資源短絀，只能在農地上的違章建築蓋廠房，卻被競爭對手檢舉，引來政府派員稽查，說要斷水斷電。為了避免這種麻煩，林寶彰把公司搬到台中工業區，更名為「鐿太興業」；經營十多年以後漸有小成，到2004年，正式更名為現在的「鐿鈦科技」。

◎── 精進技術，提高進入門檻

鑑於醫療器材的發展性，近年來，鐿鈦科技也不斷深耕醫療產品領域。2009年，與工研院生醫所合作成立「台灣微創醫療器材公司」，一起研發高附加價值的精密醫療器材產品，除了微創手術用的器械零件以外，並研發牙科及骨科植入醫材，2011年還註冊自有品牌「牙王」。

林寶彰　鐿鈦科技總裁

　　根據2016年的資料，目前鐿鈦科技的產品主要分為三大類，醫療器材占56%、精密扣件28%，以及微波開關16%。精密扣件是林寶彰的老本行，只是如今鐿鈦生產的項目不是普通的螺絲，而是可以應用於汽車、建築、商辦用鎖以及光學產業的高附加價值金屬零組件，毛利約20%；而微波開關則是可用於通訊、航太以及精密儀器設備的客製化產品，毛利高達

跨世紀的
產業推手

20
個與台灣
共同成長的故事

40％；醫療器械產品壽命期比較長，毛利也不錯。這些產品的獲利都頗可觀，進入門檻又高，一般競爭對手很難切入瓜分市場。

鐿鈦科技有今日的成績，經過相當長時間的耕耘。林寶彰以公司的微波開關事業處為例，「我們成立約十年，整整虧了五年才開始賺錢，這種高難度產品賺錢的加碼速度比較快。」

多年來，鐿鈦除了既有產品線，還會額外投入開發四、五項「明日之星」專案，光是研發費用就約占全年度稅後每股純益（EPS）兩元。林寶彰舉例，像開發醫療器材就是相當「耗時耗錢」的事，不但要有卓越的技術能力，還要做臨床試驗申請證照，等到萬事俱備以後，才能開始生產銷售，不能像一般扣件那樣，一邊開發一邊生產。

「投入人工牙根研發就差不多要耗五年時間，每一年都至少『燒掉』三千萬元！」雖然所費不貲，但非做不可，「因為，公司若要繼續成長，一定要有開發新產品動能。」

林寶彰表示，這些年，對於公司已發展成熟、獲利穩定的產品，他比較少去緊盯，公司內部的中、高階經理人都可以經營得很好，他的重心主要都放在培養下一個『明日之星』產品。」

◎── 讓人才一起做「頭家」

面對事業，林寶彰的態度總是無比嚴肅。「人不能一直沉迷在一時的成功裡，那很危險，是溫水煮青蛙，」他每年都在問自己：「鐿鈦科技將來要往哪裡去？」之所以四處奔忙、不惜成本投資新產品研發，都是為了開拓將來的路。

林寶彰明白，人才是公司發展的基石，為了留住人才，他跟弟弟不斷

林寶彰　鐿鈦科技總裁

把自己的持股拿出來分給新進人才，弟弟也退出董事會，把位置留給其他獨立董事，就連自己董事長的職位，也都讓出來給專業經理人擔任。

「台灣有句俗語是這麼講的：『有永遠的頭家，沒永遠的苦勞（勞工）。』意思是，只有公司的主人（老闆）才會心甘情願守在公司，」林寶彰表示，他們把股票分給骨幹人才，處處讓利，「就是希望大家一起來當鐿鈦的『頭家』，把鐿鈦的事，當做自己的事。」

他笑說，就好像以前他在台北工專當班長一樣，「班長不是技術最厲害的那個，我的同學都比我厲害啊，可是我有個優點：很會問人，我會一個一個去請教同學。」闖蕩商場多年，林寶彰倚恃的絕不只是技術實力而已，還有圓融的智慧與柔軟的身段。

林寶彰從四十五歲起，就養成每天凌晨五點出門跑五千公尺的習慣，無論人在國內或國外、前一天忙到多晚，他依舊風雨無阻持續晨跑，數十年如一日，若偶因身體不適不克跑步，之後幾天還是會把「漏跑」的距離如數攤提補足。

「姑息會成習慣，人性就是這樣，只要兩、三次敷衍了事，之後就會愈來愈鬆散，所以，絕對不可以輕易姑息，」林寶彰用這樣的方法來鞭策自己，做任何事情都應該「做好、做滿」。

隨著公司不斷升級轉型，經營模式也從短線的百米衝刺，變成長距離的馬拉松耐力賽，展望未來，林寶彰說，「要更努力，還有好長的路要走！」他知道，唯有堅持到底，才能贏得最後勝利。

文／李翠卿

跨世紀的
產業推手

20個與台灣
共同成長的故事

莊永順

研揚科技董事長

利益共享

催生全球工業電腦第一品牌

一位嘉義佃農之子，與兩位夥伴創立研華公司，
如今已是全球工業自動化第一品牌，
自行創設研揚，也是全球前五大工業電腦廠商，
扮演科技產業研發最堅強的後盾。

他，出生在嘉義縣窮困的佃農之家，十歲被迫離鄉背井，從小獨立、刻苦勤學，原本打算高職畢業後到工廠當技術員，但最後堅持繼續升學，還好求學、求職一路漸入佳境，三十三歲創業，四十八歲獲選青年創業楷模。

他，是莊永順，研華公司創辦人之一，也是國內工業電腦領導品牌研揚科技、醫療用電腦品牌醫揚科技兩家公司的創辦人兼董事長，在工業電腦領域中占有舉足輕重的地位。

從佃農之子到創業家，莊永順一步一腳印，翻轉自己的人生故事。

◎──肩負父母的期望

1952年，莊永順出生於嘉義縣太保鄉埤鄉村（現改制為太保市埤鄉里），父親在嘉義水上機場附近承租公有地務農。

家中有六個小孩，排行老五的他，上面有兩個哥哥、兩個姊姊，下有一個妹妹。因食指浩繁，年長他十八歲的大哥，小學畢業就跟著父親種田，分擔家中粗活；比他大十四歲的二哥，成績非常優秀，一路讀到嘉義高中，後來考取中央警官學校，成為埤鄉村的榮耀。

莊永順 研揚科技董事長

「不要像村莊前輩一樣，一輩子在鄉下種田！」這是父母的殷殷期盼，希望莊永順能踏上二哥腳步繼續升學，這樣才有「出頭天」。

莊永順念的是村莊內附設的南新國小埤鄉分校，三年級就必須回到本校就讀。

在他二哥之前，這所國小的畢業生，從來沒有人考上初中，如果繼續留在鄉下小學校，在有限的教育資源下，難有翻身機會。於是，小學三年級，父母把他轉到嘉義市的大同國小就讀。

◉── 六點十分的早班車

學校離家遠，莊永順每天清晨五點就得起床準備，然後走路到火車站，趕搭最早班的清晨六點十分「五分仔車」通勤。五分仔車是當年台糖專用的小火車，軌道間距只有一般火車的一半，原本是載運甘蔗和砂糖的火車，後來兼營客運。

雖然坐火車通勤很有趣，但有時得留校到晚上，小小年紀就起早趕晚，過著披星戴月的生活，辛苦的滋味只有自己知道。然而，勇敢的種子，那時已悄悄萌芽。

升上四年級，開始每天課後補習，為免除舟車勞累，莊永順又被安排住到父親朋友家。當同年齡的孩子還要父母照顧時，才十歲的莊永順，從生活起居、日常作息、床務整理到功課，一切都要自己打理，直到畢業為止。三年的寄宿生活，養成他獨立、自動自發、負責的個性。

因為寄居在外，有心事時沒人傾訴，有苦也只能往肚裡吞，使得他從小就比一般孩子內斂、沉穩。

刻苦求學讓他順利考上縣立嘉義中學初中部，但升高中時，因成績

不如理想，考上第三志願台南的新營高中。未來的路要怎麼走？若就讀高中，日後就要繼續考大學，加上離家遠，跨區就讀會增加家中負擔，幾經考量，莊永順決定參加技職教育體系招生，因為高職畢業就可以到工廠做工賺錢，分擔家中經濟。

◎—— 恩師啟蒙，從此愛上數學

幸運地，莊永順考上技職類第一志願——嘉義高工電子科，踏入基本電學專業知識的殿堂。

在嘉義高工受教期間，可說是他對數理開竅的起源，導師兼數學老師陳浩然，是他的啟蒙恩師。

「你們學習數學的時候，不要只用眼睛看，一定要動手去解題，否則就會眼高手低，考試時，題目看起來都會，卻寫不出來！」距今快五十年，當時陳老師在課堂上，苦口婆心要求同學的一番話，莊永順仍記得清清楚楚。這席良言讓他從此愛上數學，後來還獲得「愛迪生自然科獎學金」，也讓他至今仍堅信，凡事實際動手去做，就會有結果。

猶記嘉工二年級進入實作課程時，老師教大家組裝一台收音機，經過無數次實驗、失敗、重組，終於成功。十七歲，莊永順第一次聽到從自己組裝的電子零件機械小盒子傳出聲音，感覺很奇妙也很興奮，更激發他動手做的興趣。

1970年，嘉工畢業後，十八歲的莊永順去報考台北工專，但只是備取，他打算先找工作賺錢養活自己，同時籌措學費，一邊讀書準備重考。為了北上求學，他投靠在台北任職警界的二哥，並進入位於基隆路、製造收音機的日商大生電子公司擔任技術員。

第二年，莊永順以正取考上台北工專電子工程科。他記得，當時班上只有三十幾個學生，都是來自全台各地的高工菁英。

○── 求學、追女友，始終如一的堅持

自認資質中等，不是絕頂聰明的人，莊永順做事情非常有毅力，對於想要做的事、想達成的目標，都會全力以赴、堅持到底。「在追女朋友和做學問這兩件事上，可以明顯看出來，」他笑著說。

1975年，莊永順退伍後，在嘉福電子上班時，同事的女朋友介紹他跟與她同校的中文系同學黃慧美互相認識，之後兩人成為男女朋友，而這段情緣，更是激發他繼續上進、精益求精的最大動力。

女友是大學生，他只是工專畢業生，但他在女友的支持和鼓勵下，工作一年後毅然離職，專心準備報考當時的專科最高學府──台灣工業技術

1983年，莊永順（左圖右、右圖左3）與惠普的同事黃育民（左圖左）、劉克振（左圖中）共同創立研華公司，從此邁入工業電腦領域。

學院（台灣科技大學前身）。

他立志奮發圖強，抱著破釜沉舟的決心，理了光頭，在北投一間小房子裡獨居半年，日以繼夜苦讀，以考取台灣工業技術學院為唯一目標。

1977年，莊永順一試中的，從此視野和思維更上層樓，也種下日後進入美商惠普的種子，奠下未來跨入科技領域的事業基礎。

兩年後畢業時，莊永順終於贏得美人歸，女友成了老婆，也是他往後人生和事業路上的最佳賢內助。

◎──三個轉捩點，人生從此改變

從小個性安靜、內向，莊永順說，「現在好多了，從前只是一對一講話，就會緊張得口吃。」

1973年，台北工專畢業，考上特種官科通信預官的他，在中壢通信兵學校接受六個月訓練，結訓後被分發到台中清泉崗裝甲兵旅，擔任通信排排長。

莊永順永遠記得，下部隊後第一次擔任值星官帶隊晚點名，他站在隊伍前面呼口號，呼了前兩句，就緊張得忘了後面的口號，當場愣在那裡，不知所措。第一排排長見狀，馬上代他喊出口號。

那位陸軍官校畢業的排長不僅適時幫他解圍，事後還教他把口號抄在點名簿上，告訴他：「看著唸就不會緊張，多練幾遍就會熟記。」

這是莊永順生涯的轉捩點之一，從此幾乎每天都要訓話，但在講話前，他一定充分準備、多次演練，一年四個月的軍旅生涯訓練，讓他變得講話井井有條，態度從容不迫。

莊永順退伍後任職的嘉福電子，是一家生產電子計算機的公司。當時

莊永順 研揚科技董事長

生產的電子計算機，面板上除了綠色燈管顯示數字，只有簡單的加減乘除加上記憶功能。

莊永順印象非常深刻，像一本書大小的計算機要價高達新台幣一萬元，而他當時的薪資是五千元。根據經濟部的報告，當年加工出口區的勞工平均薪資約兩千多元，那個年代的電子產品身價之高，可見一斑。

在工作上兢兢業業的莊永順，有一次到台中出差，兩天一夜的差旅費，他就像用自己的錢一樣，精打細算，分毫都不亂花。回到公司後，立刻詳細列帳，一筆一筆記得清清楚楚。

報帳時，老闆看到帳單，大為嘉許，隨即把他升為業務主任，底下還要帶幾個業務員。這是磨練的開始，是影響他至深的第二個轉捩點，而這種做事光明磊落、公私分明的習性，也從此成為他往後四十年最鮮明的個人特質。

1978年就讀台灣工業技術學院時，莊永順因表現優異而被推選為學生活動中心總幹事，並以總幹事身分代表學校參與當年青年節籌備大會執行委員選舉，獲選為執委，與其他像是前立法委員潘維剛和她的夫婿田正超等十五位各大專院校的菁英共事。其中，只有他是技職體系出身。

幾番互動，莊永順發現，這些人個個才華洋溢，講起話來口若懸河、侃侃而談，才知道「人外有人、天外有天」。籌備期間歷時一個多月，讓他學到很多東西，也因而結交許多益友。那是他人生第三大轉捩點。

◎—— 一封差點錯過的面試信

1970年到1980年，是全球電子業開始起飛的年代，科技業蓬勃發展。

1971年進入台北工專時，莊永順第一次接觸大型電腦，「那是程式數

據處理機（PDP-11：programmed data processor），迪吉多（Digital）電腦小型機才剛問市，」他熟稔地說出電腦產品型號，「用的是Fortran 77高階程式語言，還是打洞的（意指打孔帶輸入程式和資料）……。」四十五年前學生時代的記憶，瞬間浮上腦海。

自台北工專畢業到進入台灣工業技術學院的五、六年間，電腦已從大型電腦演進到微處理器階段，發展一日千里。

由於在台灣工業技術學院讀書時品學兼優，莊永順申請並獲得紐約中國工程師學會一萬元的獎學金，而在全球工業界頗負盛名的精密儀器公司美商惠普，也在此時從得獎者名單延攬頂尖高手，透過學校通知莊永順去面試，但他卻差點與這個千載難逢的機會失之交臂。

畢業一年的莊永順，當時已經應徵進入以製造電視、收音機為主的美商增你智（Zenith），擔任高級製造工程師，沒有機會回到學校，也不知道有這件事。

從求學到創業，莊永順（左圖左3、右圖右）在人生不同階段，屢屢獲得國家大獎肯定。

莊永順 研揚科技董事長

幸運的是，在他擔任學生活動中心總幹事期間，其中一位共事的委員是他學弟，在學校活動中心看到那封信，輾轉交付他手上，他才拿著信函去面試。

1980年6月23日，莊永順記得，那天他正式去惠普報到上班，從此改寫人生的另一頁篇章。

◎── 創造三贏的生意

與莊永順前、後期進入惠普的工程師，有一位是交通大學電信系畢業的劉克振，另一位是台大電機系畢業的黃育民，因年紀相仿、志趣相投，三人在工作中培養了情同兄弟的革命情感。

1980年代，台灣產業發展進入技術導向階段，自動化是當時重要的產業政策，工廠自動化需求日益龐大。許多客戶向惠普這樣的廠商採購了先進儀器設備，但要達到自動化，還需要透過軟體，在設備與電腦之間進行系統整合。

若以惠普公司軟體工程師一天四百美元的收費水準，當時匯率是一比四十，如果一個程式要花二十天撰寫，換算下來，就要三十二萬元新台幣，且二十天還不見得能夠完成。

由於所費不貲，對中小企業而言負擔沉重，有些企業就想自己雇用寫程式的軟體工程師，但養成期通常要兩年以上，緩不濟急。

然而，如果外包給國內工程師，費用只有三分之一，企業投資軟體的意願就相對較高。看到這個商機，三人決定自行創業，在1983年設立研華公司，幫企業寫自動化軟體，成為電腦系統整合服務業的先鋒。

成立初期，劉克振負責行銷和業務，黃育民負責研發，莊永順則專注

研揚科技董事長 莊永順

後勤管理，加上劉克振的夫人管財務，在牯嶺街、寧波西街附近，一位朋友的辦公室裡，租下一間不到十坪的小房間，就開始做起生意。

創立第一年就賺錢，至今沒有虧過錢，分析研華成功之道，是因為一開始就創造了一門「三贏」的生意。

莊永順說，研華創立前五年的客戶，都來自老東家惠普。有出色的工程師能幫惠普服務客戶，他們自然樂觀其成，客戶也能用更低廉的價錢取得軟體以節省成本，研華有收入進帳，又不需要承擔購置設備的成本，在互惠、互利的基礎下，達到三贏目標。

研華的三位創辦人，發揮各自的專長，在業務、研發和管理上充分分工，兼顧生意和品質，齊心協力創造了研華永續經營的基石，成為台灣和世界工業自動化的第一品牌，在工業自動化進程中，貢獻卓著。

○── 用務實精神拚企業茁壯成長

在擔任研華總經理期間，理工出身的莊永順有感於缺少經營企業經驗，於是報考政治大學企業家經營管理研究班（企家班），學習企業經營理論，以便能和實務管理印證，後來也確實讓他經營管理企業的功力與思維，都有長足的進步和突破。其後，更上層樓取得杜蘭大學的企管碩士，精益求精的學習精神，始終如一。

「我是很務實的人，」莊永順回顧過去五十幾年來求學、成長及創業歷程，形容自己是做事情很仔細謹慎，為人很踏實，一步一步努力往上爬，不會做沒有把握的事情。務實是很好的優點，但他也坦言，缺點就是不適合做投機事業。

莊永順引述聯強國際總經理及集團總裁杜書伍的觀點說：「聰明人，

莊永順剖析，自己最大的特色是務實，過去五十幾年來，從求學、成長到創業，都是做事謹慎、為人踏實，一步一步努力往上爬，不會做沒有把握的事情。

研揚科技董事長
莊永順

容易不務實，不務實的聰明人，頂多只有中等成就，甚而有非常落魄的；若能既聰明又務實，則肯定為人上人。」因此，學習事物時，一旦出現「我懂了」的念頭，應該將其視為一個警訊。這也是莊永順學習過程中，一步一腳印，對扎實歷練的堅持。

◎──開工業電腦廠商上櫃先河

莊永順於1973年自台北工專畢業，十年練劍，在1983年創業成立研華；再用十年磨劍，到1993年成立研揚科技，獨當一面擔任研揚董事長，同時肩負完成董事會交付的三大任務：一、代表集團上櫃；二、負責製造工業電腦主機板；三、創造工業電腦第二品牌。

研揚完成使命，在1999年上櫃，成為第一家上櫃的工業電腦廠商；同年年底，研華接續上市，兩年後研揚股票再轉上市。

近三十年孜孜矻矻的耕耘，讓研華、研揚集團成長茁壯，規模迅速擴增。2010年莊永順再投資創設醫揚科技，切入醫療級電腦設備，2016年股票登上興櫃。在因緣際會下，2011年個人電腦領導品牌華碩電腦投資研揚65%股份，成為華碩集團旗下一員，同年6月1日股票下市。

研揚藉由華碩擁有全球領導品牌、規模大以及知名度高等優勢，借力使力，發揮短期內擴張成長的策略合作效益，研揚營收從下市當年的三十億元，到2016年成長至五十億元，五年業績增長近七成，而在工業電腦業界的排名，則從第十到十二名，竄升至第五名。成長的策略和效益都達到預期，莊永順進一步透露，研揚可望於2017年重新掛牌上市。

　　在創業及事業經營上創新求變，研華、研揚、醫揚的成功有目共睹之際，莊永順受到外界肯定，近年來率領研揚團隊介入亞元科技和晶達光電等公司營運，同樣頻創佳績，陸續交棒給專業團隊管理。

　　創業至今超過三十年，莊永順觀察，很多企業在創業維艱時期多半都沒有太大問題，反倒是賺錢時，常因計較利益分配而出了問題。

　　中國人常有「寧為雞首，不為牛後」的觀念，在合作或合夥創業時，難免爭功，自認功勞最大、貢獻最多，對於誰該分多分少有不同意見，最後因分配不平，走上拆夥之路。

　　因此，檢視大多數成功的企業，創業者多是一個人。但是，人畢竟不是全才，兼具業務、研發和管理能力於一身者，如鳳毛麟角。

　　莊永順建議，要找到志同道合，能互補又可以各自發揮長才的合作夥伴一起創業，像他們三人一樣，就可以達到事半功倍之效。

●——把餅做大，共享共榮

　　創業多年來，莊永順還有一個深刻的體悟：「要把餅做大，少就是多。」即使分配的比例少，實際的利益卻更多。他舉例，如果公司獲利一千萬元，分配比例若是三分之一，為三百多萬元；但若獲利提升到兩千萬元，配比即使降低到四分之一，仍有五百萬元的實得利益。

莊永順
研揚科技董事長

他強調，當事業有成，公司賺錢時，要能分享，讓合作夥伴共享利益。

這就是莊永順的成功心法，找到志同道合的夥伴，做好分工，然後努力把餅做大，而不是斤斤計較誰貢獻多、誰分得多。這兩項如果能夠做到，就很有機會成功創業。

他捨得分享，不僅對合作夥伴如此，對員工亦然，因為利益共享，才能留住人才，甚至吸引更優秀的人才，才能共榮。

更重要的是，「要感恩，永遠要感謝對方！」他認為，企業的成功絕不是靠一個人成就的，是因為對方的付出才有今天的成果。對於劉克振和黃育民當年的知遇之情，以及共同努力打拚的回憶，他至今仍滿懷感恩。

回首來時路，莊永順感性地說：「凡是努力過的，必留下痕跡。」過去成長歲月裡經歷的人事物，許多點滴看起來似乎微不足道，卻串起璀璨的人生成果。

當年順應時代潮流，掌握正確的選擇和時機，莊永順秉持誠信篤實、苦幹願意付出的做人、做事態度，從一個佃農之子，白手起家，改變人生際遇，儘管事業有成、獲獎無數，仍謙沖自牧。

他期勉後進說：「態度很重要，凡事要堅持，對自己要有信心，立定目標，一步步堅持下去。」

文／傅瑋瓊

林茂桂

群光集團副董事長兼群光電能董事長 ●

開創藍海
拿下六個世界第一的隱形冠軍

群光公司　捷克廠
Chicony Electronics (Czech Republic)Co., Ltd
Location : Brno ,Czech Republic

從鍵盤事業起家，到旗下有六項產品拿下世界第一。
自掛牌上市以來，靠著每年獲利盈餘轉增資，
從1999年的市值二十二億兩千萬元到2016年的五百五十億元，
集團總市值超過九百億元，十七年間，規模擴增三十六倍。

「小廠玩不起，大廠沒興趣，」群光集團副董事長兼群光電能董事長林茂桂笑著談起自己六項拿下世界第一的產品，包括：鍵盤、筆記型電腦鏡頭模組、無線網路攝影機（IP Cam/Web Cam）、運動攝錄影機（sport DV）、筆電電源供應器、遊戲機電源，雖然做的是關鍵零組件，不是終端產品，但，「只要把每樣都做到世界第一，成為藏在客戶產品裡的『隱形冠軍』，就能對產業做出貢獻！」

這是群光不被消費品牌迷惑的領悟，也讓公司從1983年創立至今，在電子零組件產業扮演的角色愈來愈舉足輕重，從1995年就已拿下全球第一的鍵盤事業，2016年的市場占有率可望衝上35%，相當於全球每三台電腦鍵盤，就有一台是群光製造。

從小就愛動手拆解電子產品

「小東西，做第一」，是群光內部口號，也是群光的經營理念「追求卓越」，而這個小兵立大功的策略，正是出自林茂桂之手。

當大家都在談論「做品牌」時，他分析，品牌可以分為消費品牌及

林茂桂 群光集團副董事長兼群光電能董事長

工業品牌，後者雖然名氣不如消費電子人盡皆知，卻是業內人士絕對都知道的品牌，「買鍵盤不知道找群光，那也不是個咖！我就是在做工業品牌，」林茂桂豪氣地說。

這樣豪氣干雲的他，在2013年獲頒臺北科大名譽工學博士學位，這是他求學時期未曾想過的成就，如同他當初根本沒想過自己會擔任管理職。

從小，他就喜歡畫圖，還喜歡拿工具拆解電子產品，六、七歲時就會拆解鬧鐘，十一、二歲時，看見日本品牌的收音機，覺得音質很好，跟台灣本地產品不一樣，忍不住好奇就把它拆開來研究。把這麼貴的東西拆了，會不會擔心被罵？「拆開來再組裝回去就好，不會被罵，」他用相當安然的語氣，描述童年的回憶。

◎── 審慎思考未來出路

林茂桂家中主要做農具生產，經濟並不寬裕。身為六個兄弟姊妹中的老大，在考上省立嘉義中學初中部之際，還曾經送報賺取學費。

由於興趣使然，初中時期，他就立定志向要當工程師，想設計一些「很了不起」的產品，後來也如願考上第一志願台北工專電子工程系。

這個決定，其實經過一番分析研判。台北工專的學制，比大學早兩年畢業，「早畢業、早賺錢，可以減輕家裡的負擔，再加上大專畢業就可以考預官、高考、特考等公務人員的資格考，跟拿大學文憑沒什麼不同，」他說，「何況台北工專電子工程系學得更專門，畢業後很好找工作。」

不過，林茂桂回憶，當時台北工專被戲稱為「土專」，「工出頭就是土嘛！」他笑說，「台北工專學生老被認為土土的，跨校聯誼時，很多學校女生都不想跟我們聯誼。」

林茂桂

群光集團副董事長
兼群光電能董事長

　　儘管如此，他的妻子就是台北商專畢業的，成為支持他事業發展的最大力量。因此，他也鼓勵學弟、學妹們，在學校雖然是以課業為重，也不能光念書就好，還要多參與活動，學習如何與人相處、多瞭解人的想法。

◎──為信用中年轉職

　　從台北工專畢業後，服完兵役，林茂桂就加入LED大廠光寶集團工作，從品管工程師一路升遷，三十二歲就成為光寶最年輕的廠長。

　　光寶是台灣第一家上市的電子股，在那裡任職，是當時許多人眼中前途不可限量的工作，而他除了工作表現優異，也在這段期間攻讀政大企業家班。

　　事業、學業兩得意的林茂桂，卻在此時決定離開光寶、加入群光，全都是因為「信用」。

　　原來，曾在他手下擔任工

程師的李益仁，離職後創立群光電子，從事電腦鍵盤研發銷售。後來，業務做起來了，卻不會製造，生產成本始終降不下來，於是想起老長官林茂桂，便向事業夥伴許崑泰推薦他。

「有點像是請師傅出馬，」林茂桂笑稱，在許崑泰積極挖角下，深思後，毅然決然在三十七歲那年，放下光寶廠長光環，加入剛起步的群光。

不可避免，當時的他，也曾有過一番心理掙扎，但想到加入群光可以有更大的發展空間、對社會貢獻更多，薪水也比較好，還是決定向光寶董事長宋恭源遞出辭呈。

這一辭，讓宋恭源親自出馬多次慰留，請他吃晚餐，聊到深夜還欲罷不能，後來甚至轉戰宋恭源家，繼續懇談到天亮。面對董座的溫情感召，林茂桂自覺「差點走不了！」一度，他回頭婉謝許崑泰的邀約，卻被許崑泰一句抱怨激到。

「等你半年還不過來，你沒信用！」這個憨厚的嘉義農家子弟，聽到這句指責，心中大驚，「絕對不可以被人說自己沒信用！」只好硬著頭皮再次送上辭呈，堅持到群光上班。

林茂桂說，他人生中有兩位良師益友，一位是台北工專電子工程系系

林茂桂從小就喜歡拆解電子產品來研究的興趣，讓他一路朝工程師的目標邁進。

林茂桂 群光集團副董事長 兼群光電能董事長

主任王瑞材，教學認真，不僅會當人，還開了「無學分必修課」。原來，台北工專課業相當繁重，每學期有二十六個必修學分，而念大學的嘉中同學，每學期只要修十五、六個學分。

因為學分已經修滿，王瑞材開的必修課，沒有學分可拿，卻又非上不可。但，如今回憶起來，他卻十分感謝老師當年給的龐大壓力，逼他認真讀書，到現在，有時他還會向王瑞材請益如何選擇產品方向，甚至拜託老師推薦人才。

另一位令林茂桂感念的，是在政大企業家班念書時的企研所所長司徒達賢。「司徒老師開的『策略規劃與組織管理』課程，提到企業的地理區分布，強調研發、行銷或製造，都應該有最佳地點，」已然經過職場歷練的他，將理論與實務對照運用，有助於他開啟國際化的前瞻視野，而從中獲得的啟發，也在日後工作上發揮得淋漓盡致。

不斷學習，把握機會向師長請教，讓自己的能力不斷提升、發揮，林茂桂像持續吸收的海綿不斷壯大，時至今日，他還常跟王瑞材及司徒達賢兩位老師聯繫請益，逢年過節更不忘送小禮物到老師府上表達感謝。

◉──結合理論與實務

林茂桂不斷將所學運用在工作上，群光設廠時，一開始的選址是在光寶中和廠旁，但考量地理區分布規劃，意識到在台灣找人愈來愈不容易，未來將面臨勞工短缺的挑戰，他決定朝海外發展，也促成群光成為第一個南向泰國設廠的台灣電子公司。

1987年，群光決定到泰國設廠，當時那裡的投資環境還不成熟，台灣朋友都問他：「你去『番仔地』做什麼？」在語言不通的情況下，林茂

桂選擇高薪招募當地第一流大學的高材生，都是當地華僑，號稱「七仙女」，分別負責工廠採購、企劃、工程、品管、生產、會計、人資等工作，設廠初期許多問題便都迎刃而解。

「泰國廠設好後，群光就所向無敵，」林茂桂高興地說，由於當地工資只要台灣的十分之一，即使是好一點的人才，也頂多是台灣的六分之一，整體算起來，即使比同業報價便宜20%，依舊可以有20%～30%的獲利率，毛利率更高達30%～40%。「後來，光寶、台達電等同業，也紛紛到泰國投資。」

◎──壯士斷腕，轉虧為盈

林茂桂加入群光時，最初擔任鍵盤事業部副總。群光旗下包含兩大事業單位，周邊零組件業務大賺，筆電事業卻大虧，導致每年年底結算全公司獲利時，鍵盤事業部分紅都很差，「一整年都告訴屬下業績大幅成長50%，但挨到年底卻領不到紅利，」林茂桂回憶當時的無奈。

這樣的日子經過五年，他眼看群光的電腦鍵盤市場占有率已經是世界第一，每年大賺五、六億元，屬下卻始終無法分紅，公司還一度想分拆鍵盤事業部門，在新加坡獨立上市，但顧及母公司財報會變得難看而作罷。

無法改變現狀的挫折感，讓林茂桂一度萌生辭意。還好，他在1999年接任群光總經理，上任第一件事就是壯士斷腕，裁撤筆電事業部。當時群光資本額二十億元，原本估計一次要打消十億元損失，「沒想到實際提列損失高達十七億元，」他說，這幾乎是群光的一個資本額。

原來，為了維持保障客戶三年維修承諾，為客戶備品的成本沒有列入預估，差點拖垮整個公司。還好，全力衝刺鍵盤業務後，一年賺下六億

158　林茂桂　群光集團副董事長
兼群光電能董事長

元，2000年就讓群光轉虧為盈。

林茂桂回憶，虧損比預期還多「當時真的嚇死了！」為了說服銀行團繼續支持，他親自帶著財務報表向銀行說明未來規劃，加上賺錢事業健全運作，果然在一至兩年內就真的賺回本，讓銀行團放心力挺。

◉——藍海的眼光，紅海的戰力

鍵盤事業是群光第一個金雞母，現在各電腦公司大老闆也因多年合作，成為林茂桂的好朋友。他笑說，由於財報亮眼，這些老闆朋友私下偶爾會抱怨群光這麼賺錢，毛利率比客戶還高（電腦代工廠毛利率約5%上下），林茂桂也會坦然說：「給你的價錢是業界最好的，就不要抱怨了。」

群光鍵盤事業的高獲利率，除了來自經濟規模帶來的成本優勢，更來自長期累積的專利與技術經驗，能夠以低成本材料做出功能好的產品，不僅是業界第一，更是遙遙領先第二名的「超級第一」。

至於為何能夠拿下第一，則緣自林茂桂不怕挑戰高難度的性格，要爭取訂單就從「第一名」下手。

1995年時，群光就爭取到當年電腦界龍頭IBM的鍵盤訂單，打響名號之後，康柏、戴爾、恩益禧等客戶陸續前來尋求合作，業務拓展也就相對順利許多。

在鍵盤事業成功之餘，林茂桂也持續開發新產品。

過去，筆電攝影機，全部都是外掛，他便想，內建在機器裡，不是比較方便嗎？於是，他帶著這個點子去說服當時的筆電龍頭大廠，從一部分產品開始導入，成功銷售後吸引各品牌對手群起效尤，指定找群光做生意，不到三年，群光筆電影像模組市占率便躍升世界第一。

林茂桂率先推動技術革命，也讓群光掌握產業先機。

「找到對的產品不簡單，即便如此，兩、三年後，同業還是會追上來，讓市場變成紅海，」所以，「企業必須學會打紅海戰爭，否則將淪為一代拳王，而要打紅海戰爭，必須有前瞻的眼光，不斷推出新產品，並有『產銷人發財』管理專才，尤其後段優異的生產製造能力更是重要。這樣，無論在紅海或藍海，都一樣能賺到錢，」被媒體譽為「紅海產業魔術師」的林茂桂強調。

◎── 善待每一位客戶

儘管群光做到世界第一，卻沒有大小眼。

七、八年前，當時還只是新創公司的運動攝影機品牌GoPro，想要開發新產品，卻被台灣其他工廠推拒，輾轉找上群光。愛游泳潛水的林茂桂看出商機，決定協助生產。如今，GoPro已成為運動界知名品牌，連全球代工大廠都搶著投資，但群光早已跟GoPro建立緊密革命情感，成為GoPro的優先供應商。

「想當世界第一，就不要挑（客戶），」林茂桂說，客戶開始量小，也不要輕易放棄，從小跟客戶一起長大，從低階合作到高階產品，才能建立患難情誼，群光跟台灣「電子五哥」等主要系統組裝公司的關係維繫，靠的不僅是平常一起打高爾夫球，更是長期以來，彼此共同成長、生意上說到做到所建立的信賴感。

回顧在群光的工作歷程，林茂桂做了兩次「救火隊長」。

1999年，他大刀闊斧，讓公司重返獲利軌道，是第一次的的成功救援；2005年，當時子公司電源供應器廠商高效電子，一年虧損三、五億

群光以技術實力，成為藏在客戶產品裡的「隱形冠軍」。

跨世紀的
產業推手

20個與台灣
共同成長的故事

元，三年虧光快兩個股本，幾乎吃掉母公司的獲利，許崑泰再度委託林茂桂接管高效電子，更換原來的總經理，林茂桂又成了救火隊長。

「高效在搞笑，」林茂桂回想當時重整之路挑戰重重，儘管手上仍有客戶，卻是危機密布。由於產品品質不佳，日系遊戲機大廠召回電源供應器損失慘重，做戴爾生意賠錢，當他以群光名義去跟廣達、仁寶談生意時，多半都能順順利利，但只要一講起高效電子，對方往往立刻不假辭色。

2006年底，林茂桂決定砍掉所有產品線重新研發，緊盯產品品質，終於陸續拿回訂單，在2008年時達損益兩平，不再是集團包袱。同年，林茂桂也進行組織改組，將公司更名為「群光電能」，經過三、四年努力，重新拿回丟失十年的日系遊戲機大廠訂單。

林茂桂成功擦亮群電招牌，群電也是業界唯一同時擁有美、日兩大遊戲機電源供應器訂單的廠商。

◉── 照顧員工，創造利潤

從光寶到群光，林茂桂完全是從零開始。白手起家、從基層做起的歷程，讓他十分理解年輕人想要出人頭地的渴望。如今他管理集團事業，兼任群電跟展達通訊董事長，都秉持讓年輕人努力就能有機會接管要職的企業文化，樂於分享集團成功果實，只要集團任何企業要上市、上櫃，員工都有投資（認股）機會，藉此鼓勵同仁並肩作戰，凝聚高昂向心力。

更特別的是，「集團有個不成文的規定，就是不歡迎主管三等親以內的人，避免派系問題，也讓年輕人有更多工作機會，」林茂桂說，為了照顧員工，「在2016年年底企業總部落成後，將興建第一棟員工大樓，讓中堅幹部可以市價七～八折買到自己的第一間房子。」

林茂桂 群光集團副董事長 兼群光電能董事長

林茂桂的信念是，「把員工照顧好，他們才會盡力為公司打拚，光施壓是沒有用的，要把企業當良心事業經營，」他拿筆為例，「一個採購員買一支筆要花九‧五元或一○‧五元，來回相差近10%成本，但主管不可能一個個比價，檢查員要隨便看看，還是認真找出瑕疵來源，不讓問題品流出到客戶手中，都只能靠員工是否發自內心做好事，形成良性循環。」

儘管個性嚴謹，是員工心中敬畏的老闆，但面對員工犯錯，林茂桂表示，「只要能檢討原因，不二過，我不會罵人，反倒會樂於教導他們。」

●──── 鼓勵內部創業

從2007年到現在，群光連續九年的每股稅後純益都維持在六元上下，年複合成長率達15%，堪稱科技業績優生。

對於有心創業的年輕人，林茂桂提醒，現在的產業環境與三十年前大不相同，未來創業者的四大條件，是「在成長型企業中選擇內部創業、找到志同道合的夥伴、選擇具前瞻性的產品、多向師長請益，」他分析，現在企業靠的是密集人力（才）、資金、技術三項條件競爭，不像過去三、五人在一起就能創業。

他鼓勵年輕人，不妨先在大公司歷練，學習企業的觀念與制度系統，如果有什麼具創意的點子，可以利用「內部創業」模式，藉助集團的財務優勢來實現創業理想。

「在保護傘下創業，若有閃失可以獲得較多的救援，」林茂桂形容，「就算跌倒在地，也有人幫忙做CPR。」

文／王胤筠

義隆電子創辦人暨董事長

葉儀晧

布局專利
改寫全球IT產業遊戲規則

在台灣的IC設計業界，義隆不算是業績最頂尖的公司，
卻是唯一在跨國專利戰中擊退蘋果、新思國際的公司。
這不僅是在科技界廣為流傳的小蝦米打敗大鯨魚的故事，
更是台灣廠商從IT產品追隨者變成規格制定者的經典傳奇。

　　走進義隆電子位於新竹科學園區的總部，一樓大廳最吸睛的就是恐龍化石，傳說中的「翼龍」展現「義隆」的霸氣，也具體實現創辦人暨董事長葉儀晧重視工作環境、強調創新的經營哲學。

　　「IC設計業靠的就是人，而這個行業又特別重視創新，因此一定要創造一個好的工作環境！」葉儀晧的父親畢業於成功大學建築系，雖然沒能從事建築業，卻在兒子創業時，兩人共同打造了這棟處處以員工為本的大樓，刻意把員工餐廳安排在最高的十樓，而且四周都是窗戶，擁有絕佳視野，甚至還有空中花園，媲美國外的高科技公司。

◎──持續創新，十二個第一

　　聯發科董事長蔡明介曾經提出「一代拳王」的說法，這是IC設計業界眾所周知的理論，也是大家最害怕的事。

　　但義隆可貴的是，從1994年成立到現在，從早期的通訊、電腦周邊、消費性電子晶片，到近期的觸控晶片、指紋辨識晶片，總是能夠一代接著一代推出暢銷產品，至今已有十二項產品曾經拿下世界第一。

葉儀晧 義隆電子創辦人暨董事長

這些世界第一的產品，包括：來電顯示晶片、類比無線電電話IC、短訊息電話IC、電腦鍵盤IC、電腦滑鼠IC、高階科學用計算機IC、印表機計算機IC、無線電對講機晶片、Windows觸控螢幕晶片、Chromebook觸控螢幕晶片、Chromebook筆記型電腦觸控板和指向裝置（pointing stick）。

一直到現在，葉儀晧還是親自帶領研發團隊打仗，每天工作超過十四個小時，週一到週五的晚上，經常排滿了內部會議，公文總是堆滿辦公桌，但他始終維持滿滿的能量，「台北工專時代的實作訓練，讓我培養出研發的興趣，只有產生興趣才會充滿熱情、充滿毅力，」葉儀晧語帶感性地說著。

◎——改變一生的決定

葉儀晧出身小康家庭，從小在南部成長，父親在公家機關任職，母親則是自日本留學回國做生意，父母都很重視小孩的教育。他回憶說：「小時候其實沒有什麼特別的志向，唯獨有一件事很確定，就是立志不當公務員！除此之外，就是專心念書。」

小時候的他，看著身為公務員的父親，因為早年的紅包文化，如果沒有同流合汙，很容易受到排擠，父親就是在這樣的環境下，日子過得十分艱辛，所幸母親的情況比父親好些，但也是為生計而汲汲營營。

後來，母親希望他到較大的城市求學，高中時轉學到台北師大附中，畢業後同時報考了大學與三專，考慮到當時台北工專的出路很好，加上大學聯考分數未盡理想，最終選擇就讀台北工專電子工程科。

這個決定，改變了他一生的命運，也讓台灣IC設計業界多了一位傳奇人物。

　　不過，「當時並不是因為對電子有興趣，而是因為那時電子產業很夯，加上志願比較前面，所以選擇念電子科，」葉儀晧坦言，從小就專心念書的他，直到進入台北工專，才啟發了對電子領域動手實作的興趣。

　　裝音響，是許多台北工專學子難忘的經驗，葉儀晧也不例外。

葉儀晧　義隆電子創辦人暨董事長

他回憶，「因為學校距離光華商場很近，而且當時流行參加舞會，所以動手裝過好幾套音響，從洗電路板開始到選擇主動式、被動式喇叭等，每套都要花上一個月，」但他依然樂此不疲，「從這樣的過程中可以弄懂電晶體、電路、電容、電阻等各個零件，而且組裝完成後的成就感，是外人完全無法體會的。」

◎——先就業，再深造

走過這一路，葉儀晧深信，理論與實作並重的訓練，是他創業過程中受用無窮的寶庫。也因為當年的經驗，他很鼓勵學生依自己的興趣選擇學校，而非選擇排名較高、市場較好的志願。以他自己的兒女為例，他從小就鼓勵子女動手做，兒子高中時就喜歡組裝電腦，大學時選了自己有興趣的電子系，自然能夠發揮所長。

「要為了需求而念書，絕對不要以拿到文憑為目標！」葉儀晧建議，不一定要念完大學就馬上去讀研究所；先投入職場，瞭解自己真正的興趣，之後再繼續深造，才更能符合自己的需求、學以致用，對工作的幫助也更大。

事實上，葉儀晧本身就是一個很好的例子。

台北工專畢業後，他先到工研院電子所工作，後來為了開發更先進

的晶片，透過工研院的進修制度到交大電子工程所進修，因為自己對半導體技術有強烈的學習動機，因此大量修習各項課程，除了本所的IC電路與設計課程外，還旁聽很多資訊工程研究所的軟體相關課程。

等到念完碩士，葉儀晧拿了三十六個學分，遠遠超過二十四個學分的畢業門檻。這段過程，對他後來的職場及創業生涯助益甚大，尤其在軟體日益重要的IC設計產業，他在研究所打下的軟體基礎，讓他更能與軟體研發團隊溝通、掌握重點，其他像是演算法、資料庫等必備技能，也都難不倒他。

身為一位成功的創業家，葉儀晧並不是從小就立定志向要創業，而是踏入職場後，才因緣際會走上這條路，「當時家裡只是期待小孩能規規矩矩把書念好，我也沒有想那麼多，」他笑著回憶自己的人生轉折。

葉儀晧的第一份工作，是在1979年進入吉悌電信（GTE），主要負責將晶片做成應用產品。工作一陣子之後，他覺得這樣的環境，只能做現有晶片的應用，無法發揮自己的創意和能力，也覺得自己還年輕，生涯應該可以有更大的突破，希望能從事有更多創新空間的晶片開發工作。

就在這個時候，剛好遇到工研院招聘員工，葉儀晧與日後成為妻子的游月娥先後加入，還一起到研究所進修，兩人最後更聯手打造了自己的IC江山。

◉──── 因緣際會創業路

1987年，專長在數位訊號處理器（DSP）的葉儀晧與包含游月娥在內，擁有類比電路設計長才的約二十位工研院團隊，一同加入華隆微電子，主攻通訊晶片。

在義隆電子成立初期，葉儀晧就決定，不要只做以前做過的東西，要做出更好、更便宜的產品！

　　政府成立工研院的目的，本來就是要扶植民間產業，後來也有不少優秀團隊，陸續出來創立華邦電子、聯華電子、台灣積體電路等半導體公司，「大家都跑掉，感覺留下來的就是沒人要的，剛好有一些志同道合的人，就一起加入了，」葉儀晧半開玩笑地談起當年的創業起源。

　　早期半導體產業較流行的經營模式，是整合元件製造公司（IDM：integrated device manufacturers），將晶片設計開發與製造放在同一家公司，很容易出現管理思維、獲利能力的衝突，「因為工廠的包袱較大，不能給研發人員較好的福利與待遇，而且工廠的管理模式講求紀律，與設計部門的思維明顯不同，比較不容易發揮，」葉儀晧坦言。

　　1994年，華隆微電子將晶片設計部門獨立成義隆電子，由葉儀晧擔任董事長兼總經理，他也從此開啟一條全新的創業路程。

　　新成立的義隆電子仍然專注在過去擅長的通訊晶片與PC周邊晶片，也是這個團隊原本就在開發的產品，並沒有太多技術障礙，葉儀晧給自己設

定了一個說起來簡單、做起來很難的目標：「我們不要只做以前做過的東西，而是要做出更好、更便宜的東西！」

追尋這個理想，義隆在1995年時，推出國內第一套全系列寬電源四位元微控制器發展系統，早年風靡一時的電子雞，就採用了這項產品。

然而，通訊與消費性電子產品有一個致命的挑戰，就是產品生命週期極短，義隆也難以避免市場漸趨成熟的現實，規模無法持續擴大，單價逐步下滑，企業必須設法轉型。

◉── 改寫台灣專利戰史

許多人開始認識義隆，是從兩場專利大戰開始。

不同於多數台灣廠商是遭國際大廠控告侵犯專利，義隆卻是主動控告對方侵權，而且最終拿下勝訴，讓義隆電子不僅在觸控IC站穩世界一線供應商的地位，也改寫了台灣科技業界在專利戰屢戰屢敗的歷史。

第一場戰爭，發生在2006年。義隆想從PC周邊切入筆記型電腦市場，但當時業界有兩大觸控晶片廠商獨占鰲頭──美商新思國際（Synaptics）與日商阿爾卑斯（Alps）。義隆頻頻向台灣系統廠商叩關，客戶卻遲遲不願點頭，原來是新思國際警告台灣廠商，只要採用義隆的產品就會提告，使得台灣廠商不敢貿然採用。

「國際大廠使用專利來屏障，是慣有的伎倆，」葉儀皓坦言，為了讓義隆可以跨入新的領域，便決定主動控告新思國際，向客戶證明義隆的產品是禁得起專利考驗的。

經過律師團隊與公司上下齊心合作，僅花了兩年多就打贏這場關鍵的專利戰；2008年10月，雙方簽訂交互授權協議，義隆以一項專利獲得五項

專利，並由新思國際支付一千五百萬美元專利授權費，面子與裡子都拿到了，包含華碩、宏碁、戴爾、聯想、三星、惠普等筆記型電腦大廠，都陸續採用他們的產品。

「與其說是有遠見，還不如說是一種憨膽，」葉儀晧回憶當年的抉擇。因為被國際大廠逼到牆角，而公司又面臨很嚴峻的轉型挑戰，迫切需要在那個時機點切入筆電市場，才會義無反顧發動專利保衛戰。

但是，「倘若當初沒有突破這關，根本不可能有現在的成績！」如今義隆在觸控螢幕筆電市場已是龍頭，預期兩年內在筆電觸控板市場就可以超越新思、稱霸世界。

◎──以小搏大，再戰蘋果

後來義隆打算進入手機觸控領域，又再度遭遇到國際大廠的專利障礙，而這回的對手，是以iPhone掀起多點觸控智慧型手機熱潮的蘋果（Apple）公司。

當葉儀晧帶著義隆的晶片去拜訪三星，對方一開頭就質疑，是否有侵犯蘋果的專利？為了證明自己的專利沒有問題，讓客戶能夠放心採用，葉儀晧決定控告蘋果。

此舉引發蘋果的反彈，轉而控告義隆侵犯他們的三項專利，但是因為義隆有扎實的技術基礎，在核心專利完全站得住腳，讓蘋果也只能選擇低頭，雙方在2012年2月達成和解，義隆再次成功演出以小搏大的戲碼。

儘管葉儀晧接連成為專利戰的贏家，但他依舊深有感觸：「台灣廠商多半習於做跟隨者，等別人做好後再跳下去，這樣很容易踩到專利地雷，尤其晶片通常包含許多基礎技術，很難避開這些專利。」如果晶片公司自

「專利靠自己布局，規格靠台灣廠商突破國際大廠」，是葉儀晧帶領義隆的成功祕訣。

義隆電子創辦人
暨董事長
葉儀晧

己不去布局核心專利，等踩到地雷再去尋求專利授權，競爭者往往不會輕易讓步。

◎──用技術實力改變遊戲規則

問起義隆的勝利方程式，葉儀晧說了兩句「口訣」：「專利靠自己布局，規格靠台灣廠商突破國際大廠。」

這幾年來，在歐美與日、韓供應商的夾擊下，義隆依舊陸續成為微軟（Microsoft）、英特爾、谷歌（Google）等國際大廠在人機介面的策略夥伴，就是經過自己的一番努力，加上台灣系統廠商的力挺。

「如果要從產品追隨者轉變為共同規格制定者，企業一定要展現優異的技術實力，爭取成為一線大廠的合作夥伴，」葉儀晧表示，「過去遊戲規則是由英特爾、微軟所訂，現在又有谷歌及蘋果加入主導，只有成為這些大廠的合作夥伴，才可能成為市場的規格共同制定者。」

在微軟推出Win8系統時，義隆就曾積極去敲微軟的門，希望成為Win8觸控晶片的合作夥伴，但微軟當時都指定使用美國與日本的供應商，根本無意敞開大門；後來葉儀晧透過宏碁向微軟爭取，晚了半年才取得規格，但是卻領先美國與日本的供應商，第一個通過微軟認證。

這一仗讓微軟對義隆刮目相看，後來更與英特爾一起，把義隆當成策略夥伴，共同討論規格；英特爾選擇與義隆合作開發新平台Haswell，而微軟的Win10系統也與義隆緊密合作，再次成為第一家通過Win10認證的觸控晶片供應商。

緊接著，谷歌安卓（Android）平台興起，義隆透過華碩協助，成為第一家通過谷歌認證的觸控晶片業者，後來也成為第一代與第二代安卓平

板電腦的**觸控晶片**供應商；之後，與谷歌合作的Chromebook產品，也指定採用義隆的解決方案，在觸控螢幕晶片及筆電觸控板的市場占有率已達七、八成。

◎── 生命中的貴人相助

回憶起在創業過程中得到的幫助，葉儀晧首先要感謝妻子游月娥，夫妻倆從同學、同事到生命中的伴侶，一直相互扶持、搭配無間，而游月娥不僅在工作上與他互補長短，同時又把家庭與小孩都照顧得很好，讓葉儀晧在創業路上可以毫無後顧之憂。

葉儀晧與游月娥，兩人的專長有些差異，早在就讀研究所時就刻意分工──他的邏輯好、反應快，專攻數位技術；她的數學能力強，專攻類比技術。創業之後，葉儀晧總有許多領先市場的創新點子，他構想出五、六成的架構，就交給游月娥帶領團隊去執行完成，堪稱夫唱婦隨的另一種典範。

除了老婆之外，葉儀晧一直念茲在茲的人，就是已故台灣半導體業界大老、世界先進前董事長章青駒。

章青駒是當時力保葉儀晧進入工研院的長官，那時工研院對三專畢業的學生有些疑慮，葉儀晧知道以後，儘管在面試時與章青駒相談甚歡，最後也獲得錄取，卻選擇了其他工作。

可是，連他自己都沒想到，自己為賭一口氣的決定，卻讓愛才、惜才的章青駒，親自寫了一封文情並茂的信給他，而且提供跟大學畢業生同樣的職級與薪水。深受感動之下，他決定放棄薪水較高的外商公司工作，加入工研院。

葉儀晧回憶：「章青駒是普林斯頓電機博士，專業能力毋庸置疑，

葉儀晧 義隆電子創辦人暨董事長

但最可貴的是他毫無架子，總是像導師一樣與我們溝通，即使我們偶爾犯錯，也一直給我們機會；當部屬遇到難題，他往往在隔天就會想出解決方案，幫你度過難關，所有被他帶過的人，都非常佩服與感激他。」

由於工研院是研究機構，較注重學歷，一段時間之後，葉儀晧為了有更好的發展舞台，決定離開工研院、自行創業。為此，章青駒找他懇談了五個小時之久，兩人都不捨地流下男兒淚。

訪談時，談起那段過往，葉儀晧不禁眼眶泛紅、語帶哽咽，感恩之情溢於言表。原來，章青駒的專業知識、帶領員工的方式，一直深深影響他，但他卻沒有機會親口說出對老長官的感激，也沒有機會在同一家公司一起打拚。

在葉儀晧（右1）的規劃下，義隆靠自己布局專利，加上台灣系統廠商力挺，這幾年來，陸續成為微軟、英特爾、谷歌等國際大廠在人機介面的策略夥伴。

2015年7月，章青駒因胰臟癌過世，這份遺憾，葉儀晧只能深深埋藏在心底。

◉── 創業、經營大不同

對於有心創業的年輕人，葉儀晧以自身經驗建議，不是創業的人就一定要當老闆，有些人有點子、資金或技術適合創業，有些人則有產品規劃、市場行銷能力適合經營，創業者可以把產品與點子執行出來後，就交給別人經營，「現在很多年輕人創業後就想當老闆，但未必有能力經營公司，或者帶領公司走長遠的路，這樣很容易成為一代拳王。」

從創業大環境觀察，現在年輕人的創業門檻低很多，很容易在別人的硬體基礎上，發展自己的軟體創新，即使不是電子工程科班出身的人，也可以輕易兜出產品；但必須注意的是，有些年輕創業者在台灣市場有了一些表現，就開始得意忘形，未能持續在創新路上往前衝刺，所謂創新變成只是曇花一現。

創業者千萬不要做出一點小東西就很滿足，畢竟從開發完到量產還有很多事情需要解決；此外，創業者必須考慮到公司短期及長期的產品規劃，一代接著一代都要有東西可以接棒，「創業與經營絕對是兩碼子事，」葉儀晧語重心長地說。

他認為，現在要投身IC設計難度較高，畢竟這個行業比較需要經驗，且是高度資本密集，例如：要開發整合度高的系統晶片，必須採用先進製程，投資額很高，開個光罩動輒要花上一億元，一旦出錯所要付出的代價也極高。

不過，現在有許多硬體廠商有意結合軟體與服務，如果創業團隊在軟

體設計有所突破，就可以考慮與大公司合作，在別人的硬體架構上，發展自己的軟體應用或創新服務。

◎—— 在無共主時代搶占一席之地

「現在是物聯網時代，像是智慧城市、智慧交通運輸、智慧醫療照護等，有很多新商機，」葉儀晧具體點出未來值得投入的趨勢方向。

舉例來說，在十字路口，過去交通號誌的控制都有固定時間，但只要安裝一台三百六十度廣角攝影機，藉由智慧型影像監控系統將交通影像數據傳送到雲端，就可以掌握汽車、機車、大巴士的行駛方向及速度，經過大數據分析，還能更有效率且即時調整紅綠燈號誌時間。

「過去在IT時代，完全由英特爾與微軟主導，全世界沒有幾家公司可以成為共同規格制定者，只能跟隨別人的規格製造產品而已；但物聯網截然不同，每個公司都有機會發揮創意，在不同的場域占有一席之地，」葉儀晧語氣堅定地說。

「台灣科技產業靠製造起家，但製造業愈來愈辛苦，未來必須要靠創新的產業，年輕人才有出路，」葉儀晧強調，關鍵在於必須有完整配套，例如：物聯網產業必須包含IC設計、製造、封裝、軟體與服務，台灣要能發展出完整的生態系統，才能發揮團體戰的戰力。

另一方面，政府必須開放場域，讓台灣企業有練兵場所，產業上、下游一同討論制定出規格，然後做出整套方案，再從一個城市複製到不同城市，最後將整套方案外銷輸出，新興產業才會真正起來，年輕人也才有新的舞台。

文／沈勤譽

美超微電腦董事長 ○

梁見後

執著追求最佳化

從農夫變華爾街高科技公司董事長

他以親身經驗見證，執著追求最佳化，就能讓理想變成真。

從想做好農夫開始，

梁見後用十五年時間，從草創時期的篳路藍縷，

變成擁有數千位員工、產品全球市占率10%的那斯達克上市公司董事長。

美超微電腦公司（Supermicro）總裁梁見後接受採訪時的第一句話，就語出驚人。然而，從嘉義竹崎山區長大的農家子弟，到日理萬機、帶領數千位員工衝鋒陷陣、打拚江山的創業家，他的故事，卻真正和這句話緊密相關。

「其實我最想當的是農夫！我種田種得很好，從有限的面積，可以達到最高的生產力。當時我家裡種了橘子、龍眼、竹子等作物，雖然並不複雜，但我總想著要怎樣做到最好、才能達到經濟效益，」梁見後說，似乎從他小時候，就不知不覺在思考如何做到「最佳化」（optimization），只是後來從農作變成經營自己的事業。

「後來我考上台北工專，還來不及實現那些想法，就到異地念書了。不過，人生就是這樣有趣，過了那麼多年，我在嘉義鄉下沒能實現的種橘子點子，竟然在加州納帕的葡萄園全部見證了！」

梁見後解釋，在台灣的葡萄園，一畝田沒種多少棵，每株葡萄樹都占去頗大範圍，好處是不需要種上很多棵，就可以結出很多果實，但缺點就是，每棵葡萄樹雖然結實纍纍，每串葡萄的果實卻不能個個碩大飽滿；反觀美國，葡萄園裡的樹叢植得很密，每棵樹結出的果實沒那麼多，但每串

都長得很肥大。

「家鄉的橘子樹，過去是每隔一‧二丈（大約四、五公尺）種一棵，等橘樹長大，剛好可以占滿整片天地，符合效益，但缺點是得等上五、六年才能達到，土地利用效率相對較低。」

這兩種種植方式，各有千秋，不過，「我童年每天在想的，都是要把家鄉的橘樹改種得密一些，好讓橘子長得更加碩大，」梁見後若有所思地回顧起這段童年往事。

用這個聽來饒富興味的故事做為開場，並不僅僅只是寒暄。素來講求效率的梁見後，其實是想藉此帶出影響他人生的巨大轉捩點。

◉ —— 舉一反三，初悟「最佳化」

「夜深人靜的時候，我夢見的往往都是小時候在家鄉的事！」梁見後輕描淡寫地說出這段耐人尋味的話。

出國多年，長期在美國打拚，他仍然難忘鄉間童年最初的嚮往，而當初日日為農務勞動所悟出的一番心得體會，也成為他後來開拓事業、披荊斬棘的奮鬥基石。

藉由栽種橘子與葡萄的田地配置比較，梁見後舉一反三，提出了「最佳化」這個概念，同樣可以沿用在電子科技業。

「技術與產品，是美超微的最強優勢，我對美超微一貫最強調的，就是怎麼樣把客戶的需求做到『最佳化』。這個概念談起來好像很容易，但做起來卻很困難，這就好比奧運競賽裡，每位體操選手都可以做得很好，但冠軍，也就是做得相對最好的，永遠只有一個。」

做為一位工程師，梁見後相當專業、認真，他總是想著，技術不該只

是追求成本最低廉，還應該把產品的品質掌握得更好，達到「最佳化」。

「很多人設計產品時沒有追求至善至美，我覺得有點可惜！」就是這個想法，梁見後興起在美國自行創業的念頭，推出從客戶需求思考的高品質產品，一開始就希望做出最好的東西。

「便宜不見得就是最好，美國顯然並不是最便宜的地方，如果在美國待下來只是為了追求價廉，那鐵定不是正確的策略，應該要追求最好的產品，因此『品質』與『效能』才可以有好的機會。」

◎──在太平洋的彼岸翻轉人生

這樣的認知，讓梁見後的人生，在離開嘉義後，輾轉在太平洋另一側，大為**翻轉**。

在嘉義，他的生活很單純，每天面對的就是綠野山林，每天要做的事情只有念書與下田；離開嘉義後，生活急遽變化，每隔幾個月就要學習全新的事物、結交新的朋友；到美國，更是面臨全新的環境與挑戰，他也在那裡從工程師，變成創業家、企業主。

「我在台北工專電機科念書時，喜歡的科目，像是電機、電力，我念得算有點出色，對於需要實驗、設計的學科更是相當投入，我自己在家做了許多實驗，花了不少時間；對於不喜歡的科目，像是英文、國文，我的成績就普普通通。

「畢業後，我發現電子、電腦等科目才是當下潮流，因此趕緊自己補念相關知識，這方面的學習，可說是自己摸索出來的，」梁見後這麼說。

從學校畢業退伍後，梁見後剛開始先回學校擔任助教，當時人工智慧逐漸盛行，於是他決定投入這方面的研究。

一陣子之後，他想到，如果可以把人工智慧技術與監測器（sensor）結合，應用在諸如醫學方面的用途，用微電腦、智能資料庫或人工智慧、專家系統的概念，就可以做出「醫療專家系統」探查身體訊號，以互動方式蒐集患者身體的異常現象。

有了這樣的設備，就可以將個人過去的病史、家族病史等資訊，整合到系統中，有效率地分析、判斷身體狀況，甚至預測是否有罹病的風險與可能、發出臨界警報，讓使用者知道自己的身體有可能不堪負荷。

◉── 努力證實自己的想法

三十多年前，台灣的醫療發展與資源還相當有限，尤其梁見後出身鄉下地區，早期很多醫師太忙，沒有時間好好深入瞭解病人狀況，患者往往並未得到最佳的醫療照護，小病演變成大病，嚴重的甚至失去性命。

「『醫療專家系統』的特點，就是可以不斷複製，只要把智能資料庫做好、程式寫好，就可以複製等同幾百、幾千、幾萬個非常聰明的醫師，因為資料庫內的資訊都可以互相流通、交互參照，如果再加上監測器的探查，功能就更完備。」

談起當年這項驚奇的「點子」，梁見後神采間仍有藏不住的昂揚。「我那時想到這點子，覺得棒極了，雖然直覺困難度不低，但有一股衝動想證明這是可行的！」這有點像是土法煉鋼，他其實還沒有學過相關技術，但內心直覺這絕對值得去嘗試，因此他到美國除了留學，主要就是為了這個點子。

當時人工智慧運用在醫學上的嘗試，全世界屈指可數，有了將兩者結合起來的想法後，梁見後毅然決定到美國學習「醫療專家系統」技術。

1987年，梁見後在美國德州大學取得電機工程碩士學位，也面臨了去或留的抉擇。

●——做到最好就會有人欣賞

當時，人工智慧多屬大型國家單位的研究範疇，雖然他第一份工作就獲得著名的貝爾實驗室錄取，但因為沒有美國公民身分，只好被迫放棄，但他並沒有忘懷人工智慧的興趣與研發。

這時的梁見後，只是想著，到了美國，應該留下來嘗試一段時間。改弦易轍後，他決定轉向加州矽谷，而且一下子就找到三個與PC相關的工作機會，便決定先改往PC產業發展。

梁見後在美國的第一份工作發展得不錯，一做便是三年。只不過，到了1991年左右，他體認到自己儘管發展得並不壞，但大環境追求的是更便宜價廉，不論是IBM、惠普或是戴爾等大廠，全都為了降低成本，競相委託亞洲代工製造。

1993年，梁見後決定自行創業，那時他心中只有一個簡單的信念：「設計PC不只有最便宜這條路，要是我能設計出最好的東西，一定會有人欣賞，即使懂得欣賞的人不會多！」為了這個信念，他鎖定高階PC伺服器、工作站等產品做為創業的主力產品。當時，整個PC伺服器的發展，還處於剛開始起步的階段。

創業之初，美超微的公司規模可以說是迷你得不能再迷你，只有一個小辦公室跟三位員工，也就是梁見後與太太、共同創業夥伴廖益賢，他心想，既然規模無法與惠普、IBM這些大公司相提並論，品質、性能一定要追求做到最好；再來要比的，就是速度，所以他推出產品的週期要比別人

梁見後 美超微電腦董事長

快，才能與人競爭。

「大公司往往是十人、二十人做一組產品，我們卻是一個人開發一個產品！我的資源有限，只准成功不許失敗，因此每個節奏都要拿捏得很好。還好我是非常專注的工程師，可以比別人快，」梁見後說。

為了與時間賽跑，他日夜趕工，投入研發，一個小時都不肯浪費，這也形塑出美超微日後一貫的企業文化：產品永遠推出得比別人快，好搶占先機！

回顧那段創業的膽識，梁見後自剖：興趣，加上對專業領域有透澈瞭解，自然會有信心。「我們可能是幸運，但是幸運其實也與努力成正比，你愈努力、愈專注，運氣就會愈好。」

然而，萬事起頭難，梁見後創設美超微並非一帆風順。他向當時的晶片大廠英特爾表示，想以英特爾的晶片為基礎設計主機板（P5VESA），對方卻勸他不要貿然衝動，因為，這麼小的公司，得到他們支持的機會不大。

對於這樣的回應，梁見後沒有氣餒，而是轉向另一家製造晶片組的

梁見後以十五年時間，將美超微從草創打造成產品全球市占率10%的那斯達克上市公司。

小公司OPTi。這家公司的總裁Kenny Liu，雖然與梁見後不熟，但被他的誠懇打動，願意支持他，而美超微也不負所望，雖然比其他OPTi的協力廠商晚起步，卻只用了不到一個半月時間，就把當時最新一代的主機板（P5VESA及P54VL）做出來，產品比別家的好，上市時間也比別家公司早許多。

幾個月後，當時最權威的電腦雜誌《PC Magazine》在1994年9月份評測全美四十家系統公司的新產品時，其中就有十三家，也就是接近三分之一，是採用美超微的設計，另外二十家採用英特爾的產品，剩下七家則採用其他品牌產品。

這樣的亮眼成績，使得英特爾再也不敢輕忽美超微的實力，開始與美超微合作，讓他們可以英特爾Triton晶片組設計主機板（P54C）。

◎── 女兒的積木

回歸那段辛苦但是收穫滿滿的日子，梁見後分析，自己創業會有這麼亮眼的成績，綜觀其中重要主因，第一個就是「速度」，雖然他是後來才進入市場，卻最早推出具有特色的產品；再來，就是產品效能極優，可靠度也極高。

而真正讓他揚名立萬的獨特設計，首推組合式的伺服器架構，這也為美超微奠定堅實的發展基礎，這當中，固然有運氣，當然也有實力。

「那時候，我的大女兒剛出生不久，有朋友送來一組積木，由於我小時候沒有玩過積木，這時候玩得比小孩還起勁，因為我覺得這玩具太有意思了，幾塊木頭，就能千變萬化！玩著玩著我突然想到，PC伺服器系統，為何不也以『模組化』的方式來設計看看？」

創新從來不是憑空而來，因為留心生活中的小事，梁見後往往在關鍵時刻獲得啟發，一如當年家鄉的果園，以及此刻女兒的積木。就這樣，美超微從創業初始，就以專注於「最佳化」的模組系統闖出名號。

「每個模組，經過精心設計後，可以在不同產品、不同應用上體現出最好的一面，」梁見後對於自家創見如數家珍，「它跟積木雷同的絕妙之處，均在於不需要太多元素，就能千變萬化，組成各式各樣的應用型態。累積二十三年下來，美超微產品的組合可能，幾乎沒有極限！」

隨著公司業務急速開展，有人建議他，何不從IBM或惠普引進一些人才，這樣美超微說不定會進步得更快。

面對這樣的提議，梁見後的回答是，「如果我follow（跟隨）他們的想法，那美超微就一點機會也沒有，因為這些公司早有堅強的人才與資源，新公司必須建立更好的經營模式，才能走出自己的一條路，」他從創業第一天，就是如此堅信。

「我是一個隨遇而安的人，遇到狀況就去optimize它！」追溯梁見後的成功軌跡，optimize絕對是個不可或缺的關鍵字。

◎—— 為節能追求效率

二十三年的發展，除了「最佳化」，節能運算，絕對又是另一個舉足輕重的轉振點與關鍵字。

無巧不成書，這第二個人生關鍵詞，不僅是梁見後在偶然之下所想到的點子，也是另一個與孩子互動所啟發的靈感。

「平日我工作很忙，有次得空帶家人去看電影，剛好上映的是《明天過後》（*The Day After Tomorrow*）。劇中父親為營救兒子歷經千辛萬苦，

本來我以為孩子們看了會對父親的偉大印象深刻，沒想到出了電影院，我問孩子感想是什麼？孩子反把問題丟給我，問我有什麼感想？

「我突然想到，無論戲裡或戲外，環境汙染、溫室效應，氣候異常愈來愈常發生，似乎真的成為嚴重課題。

「於是我再問孩子，我們能做些什麼？沒想到孩子又把問題丟給我：那你覺得自己可以做些什麼？

「我靈光一閃，人類使用能源，在很多情況下其實都缺乏效率、極盡浪費，比如說我們做的電腦，效率就鐵定可以更好！」

就在那一剎那，在學校裡無論電子、電機都學得一級棒的梁見後想到，電腦的電源供應器效能，通常只發揮了65％到68％，但為什麼只能是這個數字？

◉──做真正有價值的事

受到啟發的梁見後，一路上都在心算，回到家更馬上推估，如果把效能提升到80％、85％，雖多花二十美元成本，但一年可省下五、六百美元，甚至上千美元！這樣的投資報酬率很划算！星期一上班，他馬上找來工程師進行相關設計開發，也成為美超微成立電源供應（Power Supply）部門的濫觴。

「我去查了一下，南極冰原大概有美國這麼大，深度有一哩，這麼大的冰塊如果融化，海平面會上升三十到四十英呎，這是很可怕的事！」梁見後相信，如果追求事業發展之餘，又能幫地球一個忙，他沒辦法說服自己不去開發綠色節能商品！

於是從此之後，美超微的強項又多了一個全新訴求，那就是「全世界

原本只想做個好農夫的梁見後，誤打誤撞進入高科技領域，在事業有成後，不忘初心，積極投入環境保護工作。

最節能的產品」！

也因此，美超微的企業識別，不但從藍色改成綠色，他還親自操刀設計標誌，蘊含了4G（Green），也就是：綠色運算（Green Computing）、綠色連結（Green Connectivity）、綠色雲端（Green Cloud），以及包含醫療專家系統在內的綠色內容（Green Content）。

七年前，積極鼓吹愛護地球的梁見後愛屋及烏，成立「綠色地球基金會」（Green Earth Foundation），深入研究造林。

「這是我內心深處真正想做的事，人生到了某個時間，去做真正有價值的事，才會快樂，除了『醫療專家系統』始終是我很想做的事，再來就是與地球息息相關的環境保護。」

隨著人類科技的高速發展，地球的永續也遭到破壞，梁見後舉例說明，人類用最強大的伺服器與電腦，探勘到油源所在，把幾億年來蘊藏在地殼中的石油很有效率地開採出來，燃燒之後變成二氧化碳，對地球造成很大傷害。因此，成立「綠色地球基金會」，梁見後最想積極推廣的，便

是研究造林技術，協助最乾旱、最貧瘠的土地造林、涵養水分、吸收二氧化碳，以減緩溫室效應。

◯──── 再次學習種樹

六年前，他開始再次學習種樹，有了很多體悟，也累積不少經驗。「現在我延請了幾個專家進行研究，我們發現，像是台灣常見的相思樹，其實在澳洲也有一個品種，只要年雨量兩百公釐就可以存活；印度也有稱為奇蹟樹（Miracle Tree）的樹種，同樣只需極少水分就可以生長，這些都能協助沙漠化的貧瘠土地造林。」

「你有幾個媽媽？」梁見後說到興奮處，突然問了這麼一個問題。「每個人都只有一個媽媽！也只有一個大地之母──地球。每個人都知道她對我們很好，我們應該要保護她，但很少人真正體會到，大地之母到底對我們有多重要，她現在遇到了什麼危機？」

講到內心最深處的感動，梁見後不再像是精明幹練的創業家，彷彿又變回了那個純樸天真的小男孩，自由跑跳在竹崎山上那幅美麗畫面裡。

「很多事情，其實都不在我的計畫中，本來，我只想當個好農夫，後來，我想好好當個工程師。創立美超微後，我運氣很好，事情做得不錯，但我們所完成的，其實只有一小部分，後面還有很大的發展潛力。」

接下來，除了讓自己一手創立的企業更加壯大、推動造林環保的社會公益，梁見後也想積極發展「醫療專家系統」，回歸他當年前往美國求學的初心。「醫療專家系統，可以說是幫助別人也幫助自己的一樁美事，讓我們能洞察先機，積極預防疾病的發生！」梁見後舉例說明，「以感冒來說，大部分的人都不知道自己即將感冒，可是透過醫療專家系統的人工智

梁見後 美超微電腦董事長

慧，我們可以搶先察知可能再過幾個小時就會出現感冒症狀，先發制人，提早採取行動。」

◯───回歸初衷

早從1983年起，當時還年少的梁見後就已看出「醫療專家系統」的神奇潛力。三十多年來，他始終未曾忘情自己的初衷。

儘管一路以來，美超微在硬體產品上非常成功，但是十五年前，梁見後也開始切入軟體開發，尤其是系統管理的軟體。

「我決定把『醫療專家系統』的概念延伸到電腦系統的管理上，於是發展出一套美超微伺服器管理（SSM：Supermicro Server Manager）系統，就像監測人體健康一樣，去『管理』電腦系統的健康。

「我們把電腦資料放在智慧資料庫內，並在電腦系統加裝監控器，預測電腦可能發生的問題，並提前加以預防，這套系統花了十五年的時間研發，目前已步入可接近實際運用的階段。」

最佳化、模組化、綠色節能、專家醫療系統，說來多麼簡單的幾個關鍵詞，卻貫穿了梁見後數十年的生命。

走過這一路，談起要給新一代想創業年輕人的建議，梁見後沒有太多言語，只是鄭重說著，成功之道其實就是「認真、執著和運氣。只是，運氣並不會從天上掉下來，愈努力、愈專注、待人愈好，運氣就愈好。」

從求學、創業，再到社會公益，梁見後的生命故事就像一首不斷重複穿插播放的主題歌，一再呼應著際遇與發展的環環相扣，堆疊出高潮迭起的曲折人生。

文／李俊明

經濟部政務次長 ◎

沈榮津

以實作精神
與產業業務實對話

沈榮津的人生，歷經一次次轉折，
每一次，都幫助他累積更深入的實務經驗，
讓他在公職生涯中，能夠與產業界務實對話，
在產業需要他的時候，給予合適的幫助。

「我們小時候的鞋子，就跟阿兵哥一樣是帆布鞋，雖然耐穿，但是很醜！」夜幕低垂的下班時間，經濟部裡依然燈火通明；好不容易從工作中抽身、匆匆趕到會議室的經濟部政務次長沈榮津，以一口親切樸實的台灣國語，娓娓談著他的成長歷程。

「『中國強』迴力膠鞋，只有家境好的孩子才穿得起！」1951年出生於農家的台南囝仔沈榮津回顧，從小家境清寒，逢年過節才有一雙新鞋；穿破了，腳趾頭露出來照穿不誤，即使是寒冷的冬天，也常常打著赤腳，從小就這樣苦過來。

◉── 差一點，成為農夫

「我記得初中讀興國中學，學校過了灌溉渠道就是稻田，由於人手不夠，放了學我得趕快把制服換下，幫忙家裡下田，那時候聽到同學對自己幫忙家裡下田指指點點，還會不好意思臉紅，」憶起那段在貧困中成長的歷程，沈榮津忍不住笑了起來。

本來，在這樣拮据的家境下，升學並不在人生選項當中，很有可能，

他就這樣順理成章變成農夫，繼續辛勤勞動一輩子。

但是初中畢業之後，他的人生轉了第一個彎。

雖然家境貧困，但是家族裡有親戚就讀職業學校，畢業後進入中國石油、亞洲航空等知名企業工作，都是當時一般人眼中十分穩當、優渥的職缺。父母看到這樣的例子，考慮到職業學校的工作前景較佳，於是支持沈榮津進入台南高級工業職業學校繼續升學，以第一志願考取電機工程科。

還是懵懂的高職一年級，沒想到自己的人生開始翻轉，他很快就體會「從做中學」的精髓。

◉──學會兼顧功能與經濟效益

「台南高工的老師非常嚴格，我在那裡真的學了很多！」沈榮津回顧當時相當扎實的技職教育：「我記得初進學校，老師便要我們做『接頭』處理，如果兩條電線不夠長，就從接頭連結延伸。老師發下材料，就設定時間，看我們完成幾個，逐一檢查接頭處理是否確實，立刻打分數，一板一眼毫不馬虎，讓學生學習務實的做事態度。」

才一年級下學期，老師便出題要學生替兩層樓的房子設計電路；他先設定了配線功能，要學生憑實力設計線路、估算電線長度、材料多寡，再進行總和評分，看看學生是否用心，有沒有做到最佳化的設計。

「我們很快就學到，不只要注重功能性，也要考量到經濟效益，」沈榮津接著解釋，「二年級老師介紹家用電器（冰箱、冷氣機、電鍋、對講機等）以及故障排除的實習，到了期末考，學科就考家用電器的電路圖及工作原理，術科老師則製造電器產品的故障，來測試同學如何做故障排除與修護，類似家電服務站的修理功能。這樣訓練下來，學生對線路圖都如

數家珍，也對家電產品有了深入瞭解。」

　　經過二年級的課堂演練與學習，再來就是實地演練，所有學生都要到校外實習，真正的大考驗這才開始，成為沈榮津高職生涯最難忘的回憶。

　　「高二升高三的暑假，我被分配到台糖公司後勤廠（台糖公司新營機械修配廠）去實習，1960年代，台灣糖業正興盛，當時全台糖廠機器設備故障都會送到那裡檢修，」沈榮津說。

　　一到實習單位，電氣室主任，也是台南高工畢業的學長便對他說，由於人手不足，要他帶著工具立刻上工。

　　當時廠裡吊載重物的巨型天車（橋式起重機）故障，「我被電得跳腳，還不敢叫出聲來！」想起往事，沈榮津不禁失笑。

從高工到工專，技職體系讓沈榮津（右）養成理論與實務必須緊密結合的認知。

沈榮津　經濟部政務次長

一查線路，才知道是馬達控制線路因絕緣體破損導致漏電。「這就是最好的機會教育！」他回憶，經此一「電」，體認到自己還有許多東西要學，才能隨時接招應變，而從做中學，就是最好的方法。

「當時台糖所採購的機械設備，都是德國、義大利、日本等地最先進的工作母機（工具機），我們因此學到許多新穎且實用的知識，等到三年級開學，要學習電機控制，我也早有基礎！」回到學校後，要遴選學生參加高工學生技能競賽，雖然沈榮津沒被選上，但校長問他要不要提早就業，又將他的人生帶向第二次大轉彎。

◎── 從社會新鮮人變工專新鮮人

在台南高工校長引介下，沈榮津進到奇美醫院的前身逢甲醫院，當時是美軍十三航空隊特約醫院，他在那裡負責整個醫院的工務部門。

才十七歲的他，就包辦了水、電、醫療儀器的工務維修，很快練得一身好功夫，也因此提早進入職場，成為社會新鮮人。

進入逢甲醫院之後，因緣際會，他轉到崑山工專（崑山科技大學前身）擔任技術員，當時有不少台北工專的老師，會南下崑山工專兼課，特別需要高工技職體系畢業、具扎實經驗的人才從旁協助。

那年暑假，沈榮津接下這個挑戰，接著就被送到台北工專受訓三個月。三個月後，回崑山擔任電機科實習工廠技術員的工作。

「在全班同學當中，我最早進到台北工專，只是我不是去讀書，而是去工作；我看到台南高工的同班同學可以在這裡求學、拿到畢業證書，對我產生很大的激勵作用，發憤想考上台北工專。

「一年後，台北工專剛好有職缺，教授便問我要不要北上工作，」沈

榮津抓住這個機會，到台北工專的實驗室當了一陣子的技術員，接著兩年憲兵服役屆滿後，他參加二技招生考試，先是考上了私立的亞東工專，但因家中經濟拮据無法入讀，決定先保留學籍，工作賺錢。

隔年，他捲土重來，終於如願考上心目中的第一志願──台北工專電機科夜間部。

「我很喜歡這所學校，它改變了我的人生，激發了我向上的力量！我最初從側門進去工作，但最後從正門進去求學，也從正門畢業出來，因此我的內心抱著感激，」回憶著這段往事，沈榮津眼中閃過一絲光芒。

「那時候還沒有單身宿舍，為了省錢，學校允許我住在實驗室的樓梯間，那個樓梯間一出來就是陽台，晚上就在那裡淋浴洗澡，冬天非常冷啊！」那段台北工專的求學時光雖然極盡克難，卻令沈榮津格外懷念。

◎──半工半讀累積實務經驗

就這樣，白天，沈榮津在台北工專工作，晚上，則在台北工專念書。

「半工半讀最好的地方就是，如果實驗室沒事要忙，就可以帶書去旁聽其他課。我印象特別深的，是一位周錦惠教授，他上課到下午三點後，就會到新店的通用器材公司（GI）兼任工務部主管，負責廠內國外新穎儀器的維修。

「每次我們上他的課，這位老師都會先講理論，再分享廠內實際遇到的狀況，包含機器線路的問題，當做我們的學習案例，讓學生受益匪淺，也奠定了我的專業基礎。」

當時還有一堂「電機設計」課程，也讓沈榮津念念不忘，「授課的是呂理雄教授，當時電工材料教材沒有現在這麼先進，老師總會想盡辦法

跟廠商要來一些實際材料，讓學生認識導線、絕緣、磁性等各種材料的特性，這種理論與實務緊密結合的課程，就是台北工專與眾不同之處！」沈榮津從親身體驗得到結論。

「我記得考試的題目，是設計一個五馬力的馬達，學生可以翻書應考，老師的給分方式是就每位學生的作品，評斷設計的等級、材料使用的多寡、重量，甚至總和成本後的售價，讓學生明白自己所做的成品必須禁得起市場考驗。」而最讓他窩心的，是老師也會鼓勵他們，雖然是夜間部的學生，但白天有空，可以到國際學舍去觀摩電子展，看看科技新知、產業現況，寫成報告當成作業，對於未來進入職場也很有幫助。

從高工到工專，技職體系讓沈榮津的教育養成始終與實務緊密結合。

本來，沈榮津有機會到國外繼續深造，他也積極準備托福等考試，只是後來因為老家翻新，三兄弟要共同分攤，留學基金挪做他用，出國計畫也就無疾而終。

儘管出國之路無法開花結果，他的人生也在此刻轉彎。

◎── 糾舉不法，完成工廠分級

從台北工專畢業後，剛好經濟部工業局開出職缺，當時電子組的組長宋鐵民負責面試沈榮津，開門見山就說，「局裡很需要電機人才，針對馬達、變壓器、電線、電纜、電磁開關等五種工廠進行分級調查，將廠商區分為一級廠、二級廠、三級廠等，做為公家機關採購的依據，需要有人修訂標準、執行工廠分級。」

當時眾多業者無不使出全力，想躋身一級廠商之列，好獲得政府的優先採購權。初入工業局的沈榮津，在業務執行過程中剷除了不少弊端，像

是工廠使用非廠方人員冒充人頭，或是設備儀器裝置與實際狀況不符，都被他一一糾舉。「我的個性比較耿直，加上念書時就半工半讀，因此有些社會經驗，這類事情我都不怕！」沈榮津直言。

◉── 危機處理，記憶猶新

任務一波接一波，「後來升任科長時，楊世緘是工業局局長，遇上很特別的狀況，就是冷氣機大缺貨，」身為科長的沈榮津，需要立刻解決這個大問題。

最主要的原因，就是冷氣壓縮機的關鍵製造技術掌握在日本廠商手上，放眼當時國內的家電廠，只有東元是純台資，他便邀集東元集團創辦人林長城與當時的副董事長黃茂雄進行協商，由東元引進日本東芝技術奧援，政府則提供廠房土地、租稅優惠等投資合作誘因。

那時是1990年，《獎勵投資條例》將在年底結束，但這個案子卻在12月24日才送件，經濟部投資審議委員會（投審會）肯定趕不及開會審核。

「我在最後關頭，緊急請長官呈報時任經濟部部長的蕭萬長，由他親自批核讓東芝精密（從事冷氣機壓縮機製造）公司的投資案能順利在台進行，解決台灣夏季冷氣機供應不足的問題，也提升了台灣產業的製造與技術實力，」沈榮津生動敘述當時迫在眉睫的緊急狀況。

促成這件事時，沈榮津的年紀還不大、職位也不高，但經此一役，他體認到，無論接到什麼樣的任務，首先必須保持冷靜，弄清楚從何處下手解決問題，並想出具體解決方案，只要能找到「對」的對象交付任務，自然事半功倍。

另外一個讓沈榮津印象深刻的經歷，是九二一大地震時的應變工作。

當時全台許多地方電力受損，經濟部派駐一組人馬到台電，協助解決當時電力短缺下，工業用電的電力調度，以維持社會安定，他也是其中一員。

當時很多國際大廠看到台灣發生嚴重天災，準備從代工委託中抽單，行政院將之視同國安問題，前進災區搶修鐵塔與電力供應線路，力求將台灣廠商的損失與衝擊降到最低，並決定輕重緩急，優先減半供電給生產絕不能中斷的鋼鐵、石化、水泥、造紙等產業，以免因停電導致管線堵塞、毒氣外洩，甚至引發大爆炸，穩定廠區與社會安全。

事件穩定之後，經濟部由當時擔任政務委員的楊世緘政委及次長尹啟銘帶隊，前往美國拉斯維加斯消費性電子展（CES），向全世界IT業者宣告，台灣IT產業重新站起。

想起這段過去，對沈榮津來說，也是極為特別的危機處理經驗。

◎——以歡喜心面對繁雜公務

多年以來，沈榮津總是早上七點多便開始工作，到晚上八、九點才下班，有時甚至週六、日也會加班。忙碌之中，轉眼已是三十年公職生涯過去。

沈榮津笑答：「我雖然很忙，只要一到辦公室，中間都不休息，但是我有一個原則，就是堅持心安理得，內心坦蕩蕩，因此我的心裡並不感到累，」沈榮津笑著述說自己如何能夠數十年如一日地樂在工作。

有目標，還要有策略，這是沈榮津維繫多年公職生涯的準則。

「我一直跟同仁強調，做了，跟做對了，是兩件不同的事。做了，是只求有個交代；但是做對了，才能問心無愧。」

沈榮津始終記得，「我到經濟部工業局報到時，宋鐵民組長便對我說：『公務人員該用什麼態度來扮演自己的角色？該你做，就快快樂樂地

做，因為愁眉苦臉，還是要做！』 那時我聽了便決定，要高高興興地工作，每天用『歡喜心』面對，這種心態很重要，不然經濟部的業務這麼繁多，包山包海，不用『歡喜心』怎麼過日子！」沈榮津幽默回應。

◎── 用同理心平衡廠商與政府需求

「一路走來，技職體系給我很扎實的訓練，也培養我積極處事的態度──接到上面交代的任務，就勇敢面對，親自動手解決問題，」沈榮津歸納自己的為人處事三部曲，就是面對問題、處理問題、解決問題。

他又進一步解釋，「任務來了、狀況出現了，冷靜以對，不必慌張，盡力而為就是了。只要冷靜下來，心胸開放、無私無我，智慧就會自然浮現。這些都是後天養成，慢慢累積而來，沒有人天生就有如此能耐的。」

除了處理問題有自己一套邏輯，沈榮津自認有個頗受好評的特質，就是特別注重務實與溝通。

「我發現，早年進入『工廠』實習的經驗很重要，我特別強調是『工廠』，不是『公司』，因為這兩者有很大差別。只有『工廠』的實作，才容易薰陶出務實的處事態度，影響我的行事風格。」

沈榮津接著剖析，「我經常對同仁說，『同理心』是最要緊的，無論是跟企業談判或是推動政策，都需要從『同理心』出發；如果廠商向政府反映問題，政府要站在廠商立場，以『同理心』為他們解決煩惱。但是，如果廠商提出無理要求，也必須挺身而出，請廠商考量政府的角度予以體諒，在天平的兩端取得平衡。」

總是忙於推動各項業務的沈榮津，並沒有忘記隨時充實自己。擔任工業局副組長時，他先在台北大學修讀了兩年的企業管理研究所學分班；後

沈榮津 經濟部政務次長

來，台北工專改制為臺北科大後，他又再次回到母校，取得商業自動化與管理研究所碩士，當時他正好在推動台灣產業電子化計畫。

「第二次回到臺北科大，我帶著產業界的實務觀察，與教授的理論互相對照，藉由論文研究，真的能夠做到教學相長；學到了研究方法，也讓我在訂定產業發展策略的過程上，可以有更周全的思考。

「所謂產業電子化，就是國際大廠一下單，國內代工廠的各階供應商都能很快反應國際大廠需求；國際大廠透過供應鏈管理（SCM），可以馬上掌握下單後台灣代工業者各階供應商的製造狀況，讓台灣的製造產業與國際品牌大廠緊密結合，鞏固台灣資訊科技產業在國際間的地位！」這正是沈榮津的碩士論文研究主題，還被他在臺北科大的指導教授陳銘崑發表

推動台灣產業發展，必須同時思考目標與策略，這是沈榮津浸淫公職三十多年的心得。

至國際間。

　　如今，經濟部正在推動工業4.0升級計畫，又與這個主題密切相關。

◎───工業4.0，產業再升級

　　「所謂的工業4.0，就是整合、連結雲端運算、大數據資料庫、網際網路、機器人以及數位化生產等要素，來進行三件事：第一，是生產設備之間互相串連；第二，是生產管理的企業資源規劃（ERP）系統也要互連，包括：生產、銷售、人事、研發、財務等；最後，則是要將生產設備與生產管理系統做智慧化的連結，」沈榮津表示。

　　他舉例說明，「如果是生產家電的廠商，過去可能是業務單位『憑感覺』、『憑經驗』、『觀察景氣』來決定什麼時候生產什麼類型的產品，但光是冰箱，就有單門、雙門、三門、迷你型等各種品項，因此大數據的時代，就應該根據消費大數據，進行更精確的研判。以家電業為例，讓國內業者藉由消費大數據去掌握市場端的需求，生產工廠再據以決定要生產哪種家電產品及其款式。

　　「過去，台灣代工產業可以說是沒有眼睛、沒有耳朵，像是瞎子、聾子一般，只是被動遵從國際品牌大廠代工訂單的指示；現在如果導入大數據分析，就可以整合生產製程。台灣的下一步，應該要靠這樣的新思維轉型，讓台灣的產業有機會再升級！」

　　沈榮津認為，必須在各種可以借鏡的對象當中，找出最適合台灣國情與產業類別的平台，諸如鋼鐵產業、工具機產業、家電產業，特性與需求都不同；找出合適平台，還要加以調整，才能催化出最佳的生產力4.0。

　　「德國的生產製造一向非常扎實，美國則是在資訊科技的發展比較先

進，因此我們應該汲取德國的數位生產以及美國辛辛那提大學李傑教授等人所提出的大數據經驗，萃取兩地的長處，發展台灣的最佳模式，軟、硬體互相搭配。

「現在台灣最大的問題，就是創新動能起不來，」沈榮津心有所感地表示，這是真正令人憂心之處。台灣產業需要跳脫「製造」產業思維，重新聚焦再定位。

從多年的產業觀察中，沈榮津呼籲，台灣應該多些「跳脫框框」新創思維，扭轉產業的思考慣性。

「組織創新文化的薰陶很重要，這往往是台灣最缺乏的地方，我們需要有人起來振臂高呼，才能形塑出創新、創意的文化。創新並不是口號，而是要回歸到務實面，具有顧客導向，讓顧客感覺到產品及服務的價值、願意消費感受這種價值，並在最終有利可圖，才是真正可行。」

這位擁有三十多年資歷的公僕老將，語重心長之餘，不脫務實本色。

文／李俊明

彭双浪

友達光電董事長暨執行長

開疆闢土
領軍全球第三大面板廠

二十九歲加入宏碁電腦，輾轉成為友達光電的元老，

從外派馬來西亞、蘇州設廠，到轉戰業務行銷領域，

總是使命必達的彭双浪，成功帶領友達谷底翻身，

創下連續三年獲利的亮麗成績，更打造出全球第三大面板廠。

採訪當天，正值友達光電二十週年慶。

一早就烏雲密布，隨即下起傾盆大雨，接近中午時，卻又雨過天青，灑下一地燦爛陽光，天氣的變化，彷彿也呼應了友達近期的寫照。

受到全球大環境景氣趨緩的影響，2016年第一季，友達繳出了虧損的成績單，不過，第二季本業便順利轉虧為盈，董事長兼執行長彭双浪在股東會中表示，現在是友達「體質」最好的時候，接下來一季會比一季更好，創造更好的成績。

彭双浪的自信，來自他長期為友達集團開疆闢土的戰鬥力。身為友達元老的他，一開始是加入宏碁電腦，1990年，外派到馬來西亞建廠，不久後馬來西亞廠劃入明碁電通版圖；1996年，明碁電通轉投資達碁科技，2001年再與聯友光電合併為友達光電，隨著組織的演變，彭双浪也逐步朝領導高層邁進。

「過去二十八年來，我沒有寄過一張履歷，卻經歷了四家公司，」彭双浪笑道自己的職涯發展。

2012年，彭双浪銜命接掌當時虧損連連的友達，用了三年時間，讓友達轉虧為盈，「對於一家公司的管理者，外界通常只會記住兩種CEO（執

彭
双
浪
友達光電董事長
暨執行長

行長），一種是創辦這家公司的人，另一種則是帶領這家公司從谷底重生的人，」彭双浪如是說。而屬於後者的他，也用事實證明，自己具備了讓人記住的領導實力。

◎──「少年貧」磨練生存韌性

有句話說：「千金難買少年貧。」這句話，放在彭双浪身上，可說十分貼切。

1959年出生的他，是新埔客家子弟，家中務農，孩子只要滿三足歲，就要下田幫忙農事，比方說，大人脫穀時，在一旁擔任小幫手；插秧前，把田裡原有的稻稈踩平，盡早腐爛後可做為肥料；挑稻草回家，或是送點心到田裡，「總之，只要是小孩子能做的，就全做了！」但在那個年代，家家戶戶的孩子都一樣，誰也不覺得自己「辛苦」。

進入小學後，彭双浪就得自己賺學費，他最擅長的是拿著臉盆，到河邊去摸河蚌，技術純熟到只要手往泥中一探，就知道有沒有河蚌。裝滿一臉盆，就拿回家請大人幫他賣，而他繼續再去河邊摸。

因為家裡也種了甘蔗，彭双浪五歲就會擺攤賣甘蔗，一開始是在住家附近，但是阿嬤跟他說，做生意不該受地點限制，建議他可以到遠一點的地方擺攤，他便試著到離家遠一點、比較熱鬧些的馬路邊去賣甘蔗。果然，很多路人看他年紀小，就跑來光顧他的生意。

年紀再大一點，可以騎著腳踏車到處兜轉，彭双浪便賣起了冰棒。一支冰棒的批發價是三毛錢，他賣五毛錢，辛苦一個暑假，新學期的學費就有了著落。升上國中，更有體力了，就去建築工地當小工，挑磚、挑砂等勞力差事，他都做過。

「當時因為年紀小，即使生活貧困，也不會覺得很苦，」彭双浪回憶，經濟上有匱乏，就自力更生去賺錢，養成他遇到問題時，不是逃避，而是想辦法解決的習慣。「而且，想到小時候那麼艱苦，自己都已熬過來，日後即使再苦，比起來似乎變得沒什麼了，」彭双浪笑道，「少年貧」磨練出他的生存韌性，現在回想起來，反而是一段珍貴的經驗。

◎── 發憤向學，從吊車尾到名列前茅

從桃園農工畢業後，彭双浪參加二專聯招，考進第一志願台北工專。在高職時，彭双浪念的就是工科，因此他當時曾考慮，是要念比較技術面的機械科，或是偏管理面的工業工程科，最終選擇了後者。

彭双浪坦言，當初進台北工專時，他的分數其實是吊車尾，因此體認自己需要加倍努力，正好他在台北有位堂叔，夫妻兩人都是台北工專畢業，也都在學校任職，一位是副教授、一位是助教。彭双浪住在堂叔家，對方每晚看書到十一點，早上五點半又起床看書，身為學生的彭双浪，只能比堂叔睡得更晚、起得更早，在這種正向壓力下，他的成績後來一直是班上前幾名。

在台北工專求學時，彭双浪對於教務主任趙淳霖授課的「線性分析」、「作業方法」等課程，印象特別深刻，尤其後者，在他日後從事供應鏈管理時，幫助相當大。另外，教會計學的安揚龍老師課堂上的一席話，也讓他獲益良多。

「老師告訴我們，會計就跟登山一樣，」彭双浪解釋，登山時，因為上山所見景色，跟下山時所見，會不一樣，所以上山時應常常回頭，確認下山時會看到的環境，下山時比較不容易迷路，而做簿記時，每進行一段，

也要停下來，回頭檢視，確認出項、進項兩邊的數字對得起來，而非等到累積了上百個項目，才發現數字有誤，此時要抓錯就變得困難許多。

很簡單的觀念，卻讓他至今依然受用，「每當我做出一個決定，事後都會回頭檢視，看看這個決定造成的影響，是否符合原本的初衷；或者，當整個環境改變，就要思考之前的決定是否該做調整，才能達到目標，」不過，「到達目標的路，未必就是直的，『彎路』也同樣可行，關鍵在於你是否知道自己的目標。」

◎── 外派馬國，過期報紙紓解鄉愁

身為台北工專的畢業生，彭双浪踏入社會後，找工作不成問題，他很

快就進入了一家做LED封裝的公司，雖然擔任的是生產線的主管，但是下班後，他會親自到每個工作站演練操作，因此，「生產線的每一個動作，我都比我的作業員做得更快、更好，」彭双浪自豪地說。

後來，他陸續待過兩家外商公司，其中一家是知名的手機廠，已經三度進出台灣，看起來並無意在台灣扎根，彭双浪便決定，三十歲之前，要進入本土公司，而他的下一步，就是進入了宏碁電腦。

在宏碁一年十個月，彭双浪就外派到馬來西亞去建廠，「因為老闆怕坐飛機，加上我認為自己還年輕，可以出去闖闖，」跟家人商量後，他便帶著老婆、小孩，飛往一個陌生的國度。

從開疆闢土到領軍面板大廠，彭双浪（中）始終抱持「有問題就設法解決」的心態，認真完成每一個主管交辦的任務。

彭双浪 友達光電董事長暨執行長

當年沒有什麼行前說明會，資訊也不發達，出發前夕，彭双浪對馬來西亞還是一知半解，急忙找人打聽，還有人告訴他，馬來西亞人都赤身裸體、僅圍著樹葉等這一類「鄉野傳聞」，事後不免覺得啼笑皆非。

彭双浪在馬來西亞一待就是八年半，跟台灣幾乎是音訊隔絕；晚上九點之前的國際電話費，每分鐘九十四元，九點過後也要五十二元，根本不敢多打，只能靠著同事返台探親時，帶回過期的報紙一解鄉愁，「那是當時最幸福的事！」即使是幾個月前的報紙，他依然看得津津有味。

撇開鄉愁不說，彭双浪在馬來西亞可以說過得十分充實，因為工作、生活都需要跟外國人打交道，英文能力提升不說，也因為接觸當地多元文化，打開了他的視野。甚至，他還利用外派期間，念了一個MBA學位，加強自己在管理方面的專業。

◎──融入在地，立足科技蘇州

外派馬來西亞的日子，對彭双浪的影響，一直延續至今，例如：語言敏感度。

2016年8月9日，友達中國昆山廠舉行第六代低溫多晶矽（LTPS）面板點亮儀式，活動前夕，彭双浪將幕僚擬的講稿內容，做了大幅度的調整，特別是遣詞用句，都改成對岸較習慣的用語。

「台灣用語雖然說起來四平八穩，但在場的人聽在耳中，可能沒什麼感覺；改過之後，大家的反應都很不錯，」彭双浪透露，因為有了先前外派馬來西亞的經驗，2001年公司將他外派到蘇州設廠時，就很能夠瞭解掌握當地用語的重要性，跟在地人打成一片，甚至說話還有「大陸腔」，中國客戶常常都把他當自己人看待。

蘇州廠是友達第一次在大陸建廠，肩負著在最短期間內，為集團擴充最大產能的目標，彭双浪不但要在浪頭上衝刺，也要扛起在當地扎根的重責大任。

多年的海外管理經驗，彭双浪深知，要在異地順利扎根，首要之務，就是「融入在地」，「唯有如此，所有員工才會變成一個團隊，」他強調，為了避免組織內出現小團體，彭双浪嚴格要求，工作場所中，只要有第三人在場，就不能說方言，即使是台籍幹部也不例外。

為了打造「一個團隊」，所有新人在第一個月內，不但要學技術、學紀律，還要學企業文化，成為正式員工後的教育訓練，對於企業文化的認同、生活教育管理，也毫不鬆懈。

◉── 武將心，文人情

曾經有媒體形容，彭双浪是打天下的武將，卻有文人氣質，最好的例子，莫過於他在蘇州設廠時，搶救了兩座傳統穀倉，並開發成保留在地文化的民俗博物館「友緣居」。

原來，友達計劃在跨塘地區批地設廠時，當地政府批給他們的是一塊「生地」，地面上所有建築都尚未拆除，包括：兩千多戶民宅、鎮公所、街道、市場、學校、銀行，以及郵局等機關，有如台灣三、四十年代的農村風情。

當時董事長李焜耀得知狀況後，便跟幾位高階主管討論，下令在拆遷前，就先有系統蒐集、整理跨塘地區的生活文物。原本就是農家子弟的彭双浪，對傳統農村景象很有感情，接到指令後，便開始進行「搶救文物大作戰」，從街道巷弄的門牌、農耕器具、絲織廠的木頭門牌、井圈、戶

彭双浪在蘇州設廠時，曾搶救兩座傳統穀倉，並開發成保留在地文化的民俗博物館「友緣居」。

對、瓦當、石臼、圓甕、古琴、鳥槍，甚至包括兒童睡的木頭床、木盆等日常生活用具。

在等待拆遷的建築物中，發現有三座採用傳統古法打造的穀倉，彭双浪立刻下令要加以保存，最後，順利搶救下其中兩座，座落在園區一角。緊接著，他又請來設計師王盟仁，以穀倉為主題，打造出展示文物空間的「友緣居」，外頭還停了一艘古風的小漁舟，也是彭双浪在遊歷太湖時買下的。

命名為「友緣居」，是因他希望能夠「益友皆達」，除了保存在地文物，也是招待賓客的場所，讓高科技的光電廠房多些人文味，不但得到地區民眾的認同，自家員工也與有榮焉。對彭双浪來說，催生「友緣居」，成就感不下於興建廠房。

◎——以身作則，為公司建立制度

2005年，彭双浪又有新任務，就是返台接任資訊顯示器事業群總經理。這次雖然不是外派，卻從原本負責的生產、供應鏈等內部營運工作，轉入業務行銷領域，邁入一個新的戰場。

管理工廠與業務工作，都是要跟人打交道，卻還是有些不同。前者，權責分明，尚屬「可控制」範圍；後者，必須面對客戶、市場，存在很多「不可控制」的因素，除了需要經驗值，還必須具備洞悉趨勢的「預見力」。

「真的是隔行如隔山，」彭双浪坦承，即使是同一產業，光是技術用語的簡稱，在工廠內部溝通和跟客戶談生意時，就有不同版本。上任前半年，他常聽不懂同事在談什麼，因此他手上隨時準備筆記本，有聽不懂的

內容，就趕緊記下來，再找機會問清楚。

正因為能夠放下身段，彭双浪也勇於授權，跟客戶洽談合作時，只要業務代表談定了，他不會自認「官大學問大」而任意翻盤，除了落實集團的誠信原則，也是為公司建立制度，如此企業才能永續經營。

◎── 無畏挑戰，勇於任事

從兩次外派，到轉戰業務領域，一直為集團開疆闢土的彭双浪，似乎是個具備冒險性格的人，「其實，我只是服從性很高，」他直言，工作上的每一個轉折，幾乎都是長官安排，而他就抱著「有問題就想辦法解決」的心態，接下每一個任務，而他後來也果真都安然過關，建立戰功。

2012年，更大的挑戰降臨在彭双浪的身上——他在公司風雨飄搖之際，接下了總經理這個重責大任。

當時，友達連續兩年虧損，累計虧損超過一千億元，集團市值從高峰期的四千多億元，縮水到只有一千六百多億元，加上受到美國反托拉斯訴訟案影響，高階主管遭留滯在美，可說是身陷創立以來最慘烈的黑暗期。

「因為每天傳來的都是壞消息，我還苦中作樂，說每個月我沒有『一號』，都是從『二號』（噩耗）開始，」彭双浪回憶。

臨危受命接下總經理一職後，為了穩定士氣，彭双浪率領十六位高階主管向董事會提出減薪決議，「公司營運不好，主管要負責，所以我們講好，大家一起減薪15%，」他說，至於基層員工，則是盡可能加薪、給獎金。這個做法，為友達成功留住人才。

另外，彭双浪也大刀闊斧調整組織結構。友達原本是兩個事業群，另有研發、供應鏈、行銷、業務、製造等功能，他將功能性組織調整成以客

彭双浪認為，不論選擇何種生涯之路，最重要是記得自己的初衷，並且堅持下去，才不會因為環境的變化而迷失自我。

彭双浪　友達光電董事長暨執行長

戶為導向的組織，除了將顯示器事業部重新劃分為視訊顯示器與移動顯示器，加上太陽能，形成三個事業群，每個事業群都有自己的功能性單位，從此自負盈虧，至於業務重疊，或沒有充分發揮功能的部門，就得調整。如此一來，便可減少人力浪費。

同時，為提振營收，彭双浪加速布局大尺寸電視面板、觸控面板，以及高階中、小尺寸面板等高附加價值與差異化的產品。策略奏效，獲利表現亮麗，終結了連續十季巨額虧損的命運，還創造面板產業史上少見的連續三年獲利紀錄。

◎——堅持自己的初衷

彭双浪愛讀歷史書，熟悉時代興衰起落變化，明白世上沒有永遠的巔峰，也沒有無盡的谷底，而面板產業的景氣循環，也是如此。面對2016年上半年的虧損，他話說得坦白：「景氣高低，不是我們能控制的，友達能做的，就是把體質維持在最好的狀態，在未來更具競爭力。」

採訪過程中，彭双浪不時提到「初衷」兩個字，他認為，不論選擇何種生涯之路，最重要的就是記得自己的初衷，並堅持下去，才不會因為環境的變化而迷失自我。

彭双浪坦言，接下總經理，從來就不在自己的人生計畫中，那麼，他的「初衷」是什麼？「其實，我最早只是想當一個稱職的工程師，」他認真地說。

或許，正是因為秉持這樣的初衷，他從製造端，跨進業務、決策端，總是認真完成主管交辦的任務，為成為友達掌舵手奠定最好的基礎。

文／謝其濬

日本東北大學
多元物質科學研究所教授

蔡安邦

準晶研究牛耳
開創全新科技領域

謀定而後動，思考與行動並重，

選擇探索準晶，這個當時曾被視為「不可能存在的物質」，

蔡安邦的好奇與堅持，將可能為熱電材料帶來革命性突破，

扭轉人們對結晶學的既有概念，也讓他擁有獲得諾貝爾獎肯定的潛力。

　　談起童年成長，蔡安邦這位國際知名的科學家竟直言不諱：「在我記憶所及，小學四年級前，根本沒念到什麼書，每天跟著鄰居同伴到處玩耍，吃飯時間才回家！」

　　1958年生於雲林北港的蔡安邦，童年記憶中的父母總忙於經營學生制服成衣生意，心思多半放在生意與生計上。

　　但這並不代表蔡安邦的父母讓他放牛吃草。身為長男，總是背負較高的期望，父母再忙，還是很重視他的教育；他們從不要求孩子幫忙家裡做生意，也不會說什麼大道理，只是一再告誡他：「人要付出多少努力，才會有多少收穫，沒有不勞而獲的事。」

　　1960年代，台灣經濟才剛要起飛，小本生意若缺乏資金，其實經營相當不容易。「我記得父親常常要跑三點半，為錢四處奔波，因此他不希望孩子也從商，期望我們把書念好，將來好找工作，生活才比較安穩，」蔡安邦回憶。

　　儘管幼時蔡安邦似乎沒把心思放在功課上，但父親從微小的生活面向，像是玩撲克牌時的記憶力、聯想力、計算力與觀察力，看出了蔡安邦的天資聰穎。

蔡安邦

日本東北大學多元
物質科學研究所教授

「初中這個階段，小孩子容易衝動，把朋友看得比家人還重，也容易犯錯，」蔡安邦說，父親為了讓他不再跟玩伴們「鬼混」，在小學四年級暑假，將他送到台中、台北等親戚家小住，功課果真開始漸有起色。這時，父親又做了一個決定，扭轉了他的人生。

◉──── 離家住校，養成精神獨立

為了讓蔡安邦專心讀書，父親與級任老師商量，讓他投考嘉義輔仁中學，展開住校生活。

「如果沒有離開家鄉，繼續在雲林生活，或許我無法學會獨立，甚至因為環境比較複雜，很可能會學壞，也很有可能就留在北港，跟父親一樣做個小生意，不會像現在一樣走入學術研究，過著很不一樣的人生。」

蔡安邦回憶，剛開始知道要住校，心裡很興奮，但是住校之後就開始有點想家。還好，他的個性活潑外向，加上小時候就常跟友伴四處「走跳」，很快就適應了異鄉的住校生活。

輔仁中學是私立天主教學校，學費較高，無疑成為家中負擔。但是蔡安邦的父親毅然讓他入讀，因為該校招收的幾乎都是學業成績優秀的學生，同儕之間自然而然形成愛念書的環境。「那時候我們沒有補習，學校每天讓學生自習兩小時，大家自動自發，專注學習，」蔡安邦還記得當時的情境。

蔡安邦有些感慨，他從小學畢業後離家，自此之後，就愈走愈遠，後來甚至留在日本發展。現在回想起來，國小畢業就住校，養成他獨立自主的精神，對未來人生有重大影響。

「離家之後，才能體會生活的困難；另一方面，離開父母，也才能真

正體會家庭的美好，與家人的關係反而變得更緊密。」

就這樣，三年的住校生涯很快走到尾聲，又將面臨升學的另一道關卡。

由於有親戚住在台北，因此他決定北上求學，幸運考取台北工專的候補名額，他笑稱自己是「吊車尾」，依照成績落點選填志願，進入了礦冶科冶金組。

◎── 體驗截然不同的生活方式

從循規蹈矩的天主教住宿學校，到台北工專自由奔放的都會生活，兩種生活截然不同。以前在輔仁中學，每個星期都得面對無止境的考試，到了台北工專，只有期中考跟期末考，連頭髮也不用再理成三分頭，蔡安邦盡情享受著這種自由。

一開始，他不知道怎麼掌握這樣的自由，平常完全沒準備考試，一到期中、期末才抱佛腳，成績自然不理想。直到習慣自動自發的學習方式，成績才漸上軌道，一直維持到1979年畢業。

台北工專的課程設計，基本上是以培養未來的工程師為主，重視實作訓練，但在礦冶科會有一些需要「計算」的課程，例如：「冶金計算」，冶煉多少鐵、多少礦要如何維持熱平衡……，而蔡安邦對這樣的課程頗有興趣，成績也還不錯。

「我很喜歡台北工專那五年的生活，雖然也沒念什麼書，但因為不想讓父親失望，所以成績至少都能低空掠過！」蔡安邦笑著回顧年少過往。

一般說來，住校生通常比較認真念書，但他沒有住校，所以常常跟著生長在台北、或是重考過的同學出去玩，他們比較年長、見識也廣，帶著蔡安邦逛西門町、看電影、開舞會……生活十分多采多姿。

蔡安邦 日本東北大學多元物質科學研究所教授

相較於中學時期的拘謹，蔡安邦（前排左2）很享受台北工專的開放校風。

蔡安邦當時的同學，到現在感情還是很好，一班四十多人，辦同學會還有三十多人出現。「也許人生在那個階段，該玩的都玩過了，也沒有什麼不好，」憶及母校經歷，他忍不住笑了起來。

◎──享受追求知識的快感

有意思的是，蔡安邦話鋒一轉，提起了自己人生歷程上的一個特性。

「我跟同年紀的人相比，好像總是比較晚熟！」適應五專生活如此，職場生涯如此，立定志向如此，投入學術研究亦如此，彷若是他人生的一個隱形基調。

就讀台北工專時，蔡安邦原本的打算是畢業後便就業，沒有特別的生涯規劃。當他走出校園就留在台北找工作，後來進入三陽工業公司，在鐵鑄課工作了兩年多，負責降低成本、簡化流程、提高效率。

當時以機車製造出名的三陽工業，與日本技術合作，公司內部有不少

日籍人士，技術文件常常出現日文，高階主管也能通日文。初入職場的蔡安邦心想，是不是應該學個日文，或許將來會派上用場。於是，他利用晚上的空暇時間，到中山北路的救國團青年服務社進修日語。

個性活潑外向的蔡安邦，對追求知識很有興趣，略通日語後，就開始主動跟公司內的日本人交談。

◎── 期盼多變的人生

當時台灣的摩托車產業相當興盛，年輕的工程師都有機會到日本驗收公司採購的機器。

因著一次三陽工業向大阪廠商購買設備的機會，蔡安邦首次踏上日本，順道前往本田（Honda）等大廠參觀，對當地產業的先進，尤其是工作人員敬業、認真、負責的態度與精神，留下深刻印象。

「我看到每一個工作人員都很投入自己的工作，對於小細節尤其注意，也會一直去思考怎樣才可以做得更好，難怪日本能將產品做得那麼好。」

返台後，蔡安邦內心有些想法，開始蠢蠢欲動。他看著公司裡為數不少的台北工專學長，工作十年、二十年、三十年不同，依照年資各有相對應的位置，升遷或發展的軌跡都很固定。他忍不住自問：這真的是自己想要的生活嗎？

不久後，他萌生了前往日本深造的念頭，決定留職停薪。

由於台北工專的老師，有些曾在秋田大學攻讀冶金，像是教授「冶金」的林安熙便是如此。在師長推薦下，蔡安邦認為，與另一所名校相比，秋田大學的費用較為合宜，加上該校外國留學生少，獲得獎學金的機率大，便決定動身前往。

蔡安邦　日本東北大學多元物質科學研究所教授

二十三歲的他，到這時都還抱著隨遇而安的心態，對出國深造並沒有特別的想法，決定去了再說。他心想，就算沒有拿到獎學金，學一年日文就回來台灣，也沒有什麼損失。

◎── 經歷社會洗禮，看見不同層次

沒想到，到了日本，蔡安邦突然開竅，不再像以前那樣充滿玩心，插班進入大學部二年級，拚命苦讀。

來到完全陌生的國度，他知道自己日文底子弱，因此特別需要加強。「語言不懂，整個身體的細胞都緊張起來！」蔡安邦形容當時的焦慮，「更何況留學不是要『留在後面』，當然要讓成績更好一點，因此給自己不少壓力。」

他每天早上，六、七點就起床準備上課，下課就泡在圖書館裡，把數學等基礎課程，重新再認真讀一次。

「日本除了歐美的理論學說之外，本身在鋼鐵、冶金技術上也有自己的一套，加上大學比起工專更注重研究取向，因此鑽研的過程中，開始有了自己正在追求學問的感覺，」蔡安邦說。

有過工作經驗再出國留學，會讓人看到事情的不同層次，蔡安邦頓悟到從前沒有好好念書，有些基礎學得不夠扎實，因此索性從頭來過，穩固學問根本，發憤苦讀。

「其實，工專與大學最大的不同，就是技職體系專注在實務面，看到一個問題，就教你怎麼處理。但是，該怎麼處理問題的背後，其實還有更基礎的細微學問，大學教育會從這些基礎學問著手，讓我覺得很有趣。」

三年倏忽過去，蔡安邦在1985年取得日本秋田大學礦山學部（1998年

改為工學資源學部）冶金系學士，並順利考入東北大學碩士班，追隨金屬材料學研究相當有名的老師增本健。東北大學對於材料科學的研究既多且廣，設備更先進，研究傳統也很深厚，再一次拓展了他的視野。

◎——逆風而行，發現準晶存在

這時候，蔡安邦遇上改變人生的另一件事。

在他進入東北大學前一年，丹・薛契曼（Dan Shechtman）於1984年在《物理評論通訊》（*Physical Review Letters*）上發表了關於「準晶」（quasicrystal）的研究論文，而準晶與蔡安邦原本研究的「非晶」，在製作上有相似之處，皆採用急速冷卻的方式來做，因而引起他的興趣。

不過，當時關於「準晶」這種材料是否存在，充滿爭議，眾說紛紜。

攻讀碩、博士時期，是蔡安邦（左圖右、右圖中）人生中的重要時刻，不僅全心投入研究，也形塑他深入思考的習慣。右圖左是2011年諾貝爾化學獎得主丹・薛契曼。

蔡安邦　日本東北大學多元物質科學研究所教授

在日本，與準晶發表約莫同一時期，「超導體」研究更為熱門，選擇投入金屬材質研究的並不多，準晶的發現一開始也沒有引起太大迴響，蔡安邦的論文也因此延遲了半年才發表。

儘管如此，他還是選擇逆風而行。

「我不想做超導體研究，因為不喜歡跟別人競爭，一旦開始一窩蜂，壓力就會隨之而來，沒辦法給自己足夠時間好好思考，當然也不能好好做研究。我更想探索一些新的、大家還不太瞭解的東西，如果沒有那麼多競爭，我可以留給自己多一點創意與時間來研究。」

攻讀碩、博士時期，是蔡安邦生命中極為關鍵的階段，形塑他深入思考的習慣。

「研究最重要的就是『思考』，跟工廠作業不一樣，工廠作業只要一直做，但是研究要一直想，這也是我當初決定離開工廠的原因。」

準晶是一種全新的研究領域，需要借用一些比較困難的數學、物理、金屬材料學的基礎來推算。在準晶存在與否還引起爭議的情況下，得不斷進行精密的實驗，遭遇許多挑戰與不明確的狀況。

不過，蔡安邦在博士班一年級，就發現利用鋁、銅、鐵這三種最常見的元素，藉由一般金屬熔解後快速冷卻凝固的過程，可以合成一種「安定」的準晶結構，也證實準晶確實存在。

◉── 推翻結晶學原理，開拓科學新領域

那麼，證實準晶存在，對這個世界有什麼意義？

蔡安邦解釋，準晶最特別的，是它五角形的結晶構造；與其他結晶常見的「對稱」形狀不同，這種五角形體在正方形的空間裡，無法彼此相接

填滿整個空間，以往在結晶學中，被視為「不可能存在的物質」。

然而，蔡安邦在電子顯微鏡下發現準晶，推翻了人們過往確信的結晶學原則，這就具有獲得諾貝爾獎肯定的潛力。

蔡安邦表示，當今關於準晶的發現與研究，還多處於基礎狀態，但是科學家仍然孜孜不倦探索，想知道除了鋁、銅、鐵這三種元素之外，是否還有其他組合可形成準晶。

在產業運用上，準晶可能為熱電材料帶來革命性的突破。

準晶雖然是由金屬構成，硬度頗高，但是它的導熱與導電性並沒有那麼好、磨擦係數也非常小，某些特性有點類似陶瓷，因此在應用上，可以拿來製作引擎中比較耐磨的零件；此外，還可以拿來製作廚房用具，鍍上準晶薄膜會變得非常光滑且耐熱、耐磨。因此，儘管目前要發展準晶薄膜，技術上仍有困難，但未來應用卻是充滿想像空間。

「知道自己做的是全世界最先進的東西，那種感覺很不一樣，」蔡安邦回顧，「準晶本身很『脆』，單從金屬材料的觀點來看，並不是很好的材質，」但是發現準晶的論文在國際上引發很大迴響，激發科學家投入全新研究領域，也扭轉了人們對於結晶學既有的概念，格外難能可貴。

◎──達者為師

現在，蔡安邦不時收到全球各地學者寄給他的論文，往往還沒正式發表，就先傳來請他過目。「科學家們多半是看了我的論文，受到吸引投入準晶研究，」這就是蔡安邦領先發現「準晶」的重要時代意義。

早在就讀博士班一年級，全球最大的「世界晶體協會」就寫信邀請蔡安邦進行演講，「還是學生，就看到別人的論文引用自己的研究成果，感

蔡安邦 日本東北大學多元物質科學研究所教授

覺非常興奮，」他回顧，有些人不曉得這篇論文的作者是研究生，還尊稱他為蔡教授，讓他不覺莞爾。

是老師還是學生，在準晶研究上界線模糊，也是這個領域有趣之處。蔡安邦表示，「從準晶研究可以學到很多東西，因為它是全新領域，其實也無師生之分，老師跟學生都同樣平等！」

而說到老師，蔡安邦特別感念他在東北大學的「老闆」增本健，這位指導教授很有氣度，不但在蔡安邦發現準晶的成果上不居功，還讓他保有許多發揮空間，更愛才惜才，協助他留在日本繼續研究探索。

「其實，一直到博士班，我都沒打算留在日本，心裡盤算著畢業就到中鋼工作，」蔡安邦沒想到，準晶論文一發表，學術圈的迴響逐漸加溫，指導教授勉勵他不用擔心工作的事，專注研究就好，後來更把蔡安邦留在身邊擔任助手，並協助他接下教職。

◉── 妻子挑起家計重擔

在日本求學期間，恩師的提拔讓蔡安邦獲益良多，而另一半的無私付出，更幫助他進一步邁向成功。

蔡安邦回顧，前往日本留學之初，他只準備了一年的學費與生活費，靠著工作存下來的錢和家裡的資助，就孤注一擲前往秋田大學。還好，第二年他就申請到扶輪社獎學金，而且連拿了兩年，順利完成大學部課業。

然而，大學部之後，接下來的研究所才是大挑戰。

「基本上，到日本念碩士、博士，都得靠自己，尤其知名大學的外國學生多，很難拿到獎學金，因此這段時期，我特別感謝老婆的付出。」

蔡安邦的妻子王淑貞，原本是朋友的妹妹，兩人在蔡安邦從台北工專

畢業後談起戀愛。起初，她在台灣一家航運公司工作，到他就讀碩士班一年級時，決定放下一切，前往日本，結束兩地相思之苦。

兩人在日本結婚後，小家庭的生活開銷和學費，樣樣都需要錢。還好，透過朋友介紹，王淑貞進入一家日本百貨店的高級服飾品牌，做起洋裁工作。那段期間，她從語言到專業手藝，全部從頭學起，一肩挑起家計，一做就是三年，讓蔡安邦可以毫無後顧之憂，專心投入學術研究。

◎── 天真加好奇，開竅永遠不晚

「準晶最有趣的地方，就是讓人忍不住讚嘆大自然如此神奇，創造出這麼多東西！而大自然與科學家發現的人造材料，還有數學、物理學之間竟存在如此和諧的關係，你甚至可以從準晶上看到『藝術』！」蔡安邦指著身後一張結晶圖，說明這種發自內心的驚嘆，也是驅使他不斷深入研究的動力。

與其說蔡安邦是懂得抓住人生的機會與轉捩點，倒不如說他是始終秉持「盡一己之力做到最好」的狀態，讓他勇往直前，獲得成功。

一路走來，蔡安邦自認，開竅總比別人晚一點，可是對他來說，開竅永遠都不嫌晚。

「回想整個人生歷程，跟我同齡的人相比，我就是非常天真。不過要做好研究，可能就需要這種天真，才有那種好奇心。」

除了好奇與天真，還要擇善固執。

「遇到自己喜歡的題材，要像狗兒咬住骨頭一樣，緊緊不放，」蔡安邦從多年研究生涯中體會到，做實驗，「延續性」非常重要，二十年、三十年下來有好的成績，才能累積出具體成果。

蔡安邦
日本東北大學多元
物質科學研究所教授

「像狗兒一樣咬著，才會堅持、才會去挖掘細節，因此，其實不只是要執著，還要會『挖』，」蔡安邦做實驗，尤其喜歡做的事情，就是發掘問題的根源。

　　「找出問題，你有可能拿諾貝爾獎，但是解決問題，你不一定能拿到獎，」蔡安邦打趣說，做學問要不斷問自己「為什麼」，因為洞察事情的能力，要比操作的能力重要得多。

　　「操作的能力，看操作手冊就可以學會，但是思考能力需要長期養

2012年丹・薛契曼來台時，蔡安邦（左）曾陪同前往總統府，拜會當時的總統馬英九（右）。

成。因此，科學家不是只有解決問題，找到問題反而更難！而思考，其實就是在找問題，」蔡安邦分享他的心得。

○──── 不只要會想，還要會做

從蔡安邦身上，你會發現，科學家不但要有好奇心跟熱情，還要有行動力與思考力。

蔡安邦不是天生就知道自己該怎麼做，但是藉由一邊思考、一邊實踐，找到自己的方向。「透過思考與時間的沉澱，你會吸收到很多新的知識，產生新的想法，」他強調，「唯有學問基礎穩定，才知道自己找到的是寶藏還是垃圾。」

但是困難之處就在於，思考需要時間，成功無法速成。

「就算是日本，研究人員也會希望拿到研究經費之後，一、兩年就有成果，可是我認為，世界上沒有那麼好的事！」「行動派」的蔡安邦強調，思考很重要，但「謀定」之外還要「後動」，「我自己常是『先走了再想』，先去做，做的同時與之後，再深入思考，不能總是思考而缺乏行動。」

年僅三十七歲，蔡安邦就主持了「日本科學技術振興機構」（JST：Japan Science and Technology Agency）所資助的日本國家實驗室計畫，進行「準晶的創製與物性」研究；在他四十五歲時，就成為日本東北大學教授。1994年，他陸續以「準結晶的相關研究」獲得第八屆日本IBM科學獎、第五屆本田開拓者獎（Honda Frontier Award）以及日本金屬學會獎勵獎等肯定，並在2014年獲得日本政府所頒授的極致榮耀「紫綬褒章」，榮耀等身。

蔡安邦
日本東北大學多元
物質科學研究所教授

如今的蔡安邦，是國際知名學者，也為人師表，但他依舊秉持初衷，努力激發下一代自發思考、動腦。

　　「做實驗的人一定最清楚實驗的狀況，如果學生還要一直靠老師教，那做出來的實驗大概沒有什麼意義，」蔡安邦解釋，他指導學生，只從大方向著手，但是他很喜歡與學生討論互動，把他們當成是科學家，一起激發實驗可能發生的面向。

　　從自己的經驗，他也知道，有些學生或許剛開始不是很會表現，但是給他們機會，就如同他的指導教授曾經給過他機會，學生也會循序而進，漸入佳境。

　　回首蔡安邦五十八年人生歷程，雖然總是「晚熟」，開竅、發憤求學、成功都比別人遲一些，但是從他的例子不難發現，只要找到自己該走的那條路，實現自我，永遠不會太晚。

文／李俊明

童子賢

和碩聯合科技董事長●

慎思明辨
成就兆元企業

1989年，童子賢創辦華碩電腦，首開產業工藝風氣，短短數年便晉身百億企業。

2001年，他帶領華碩新事業體轉型，成為全球第八大筆電品牌。

2008年，華碩分割而出的和碩，不到五年，營收連續兩年破兆，

進入全球財星五百大企業全球前三百名公司，成為DNS領導品牌之一。

走進台北關渡的和碩科技企業總部，入門左前方，有幅近四公尺高的達文西「蒙娜麗莎的微笑」畫像，高高矗立在大廳，微笑迎賓。

這幅畫栩栩如生，但是近看才驚訝發現，這不是巨幅油畫，而是將廢棄的主機板、電路板，以六公分見方切割，數千片小電路板以電腦掃描與模擬出圖案之後，再按照編號組合拼貼而成的巨型電路板蒙娜麗莎。做工之細，圖畫上的微笑與兩手交疊之處都清晰可見。

和碩總部有近七千人在此辦公，「建築的大廳辦公室與會議室、餐廳、迴廊、戶外水上會議室，這些空間和公司庭園設計，都是我和設計主管動手畫草圖、規劃大方向！成品與構想，完成度95%以上，而且成本省、時程快！」說這句話的，是掌管逾兆元營業額的和碩董事長、華碩創辦人之一的童子賢。

分家之初，成本控制極緊且時程極趕，幾位接洽受委託的知名設計師都面有難色，因此參與誠品書店多年，對空間設計不陌生的他，決定帶著和碩設計主管、設計部門員工，自己動手設計幾千坪的空間。

在童子賢帶領下，以徒手繪圖、電腦3D模擬規劃與設計了企業總部，再找包商施工。「從華碩創業開始，我們總會找機會讓幹部練習『跨界設

童子賢　和碩聯合科技董事長

計』的功課，找點樂趣、體驗不同設計，讓觸角更廣、視野更開闊，」童子賢說，「這次空間設計的功課，檢驗標準是成本控管、美學角度、時程控制。」

◎──蘊含經營哲學的空間設計

對設計結果滿意嗎？童子賢點頭，表示滿意這個作品。他認為，成本控制做得很好，而且準時完成功課。

童子賢認為，對獨立出來參與OEM業務的和碩新組織來說，營運哲學很重要，「客戶踏入這個空間時，我以設計哲學暗示了我們有能力控管時程與成本，而且在美學與工業設計、產品設計細節上面，我們有能力高度掌控！」

2008年開始，和碩在關渡的辦公室、餐廳、庭園，成為員工喜歡流連的愉快而有特色的空間。不僅如此，除了成本與時程控管以及設計美學的完美結合，童子賢也認為，這隱喻了龐大的和碩集團發展的方向。

童子賢在設計過程中告訴員工，「我們不會是每個領域都精通的專家，但是要有能力整合，以及控管大方向，」他認為，空間與美感不是靠貴重材料堆砌，「我們以極簡、素淨、典雅為方向，地板面積太大，全面使用大理石太昂貴了，因此我們使用白色耐磨地磚，僅少數地方用到貴重的大理石，但這樣的規劃又有畫龍點睛的效果，避免低價材料的使用造成廉價空間的錯覺。

「設計空間與經營企業一樣，都是要在困難條件之中，以良好管理哲學游刃有餘地行走其中，而我們是有能力做到的，練習美學與成本的平衡。最後，大量運用採光玻璃、白色夾板、白色地磚，甚至鐵絲網來代替

窗簾的和碩總部，空間裡只有蒙娜麗莎是唯一帶彩色的，因此對比十分顯眼，也營造出簡潔開闊的感覺……」累積許多展示空間設計經驗的他，輕鬆自信談著自己的設計理念。

童子賢說，其實產品設計、工業設計也與建築設計一樣，「元素與色彩不可以太貪心，割捨不下，一下子塞入太多概念，就會變得四不像，走入失敗。」

當我們讚嘆眼前的科技人，竟跨界做起空間設計時，他意味深長地說：「達文西與米開朗基羅在文藝復興年代，都是橫跨雕刻、美術、建築，甚至兵器設計，那個年代沒有瑣碎的切割職業專業，也沒有建築師執照，他們才可以創作聖彼得大教堂那樣的傳世傑作。」

他認為，所有的創作都帶有跨界的微妙性質，鍛鍊技能與培育人才都可以從跨界學習著手，不必把自己的專長定義與切割得很瑣碎。

「設計建築空間和設計筆記型電腦、手機是一樣的，只不過這是個尺度較大的作品而已，人的體驗是我們走進去產品（空間）裡，而手機、筆電，是我們站在產品外面看設計！」童子賢簡單的一段話，說明了他如何把對工業設計的美學素養運用到日常生活之中。

◎——駕馭科技與工藝的能力

在和碩大廳，也可以看見一台顯目的黑色拼裝重型機車，斜靠在大廳進門左手邊。這也是公司的設計部門在示範概念設計與材料設計。

比較特別的是，外界以為華碩以電腦起家，和碩一定專精電子、電腦、軟體，而這台重型摩托車所示範的是，除了引擎、輪胎以外，車身上的金屬、塑膠和皮革元件，和碩都有能力設計與打造，也都是和碩設計部門設計的產品。藉由這台模型重機，傳達出：現代科技與工藝品，很多都是和碩團隊能夠駕馭的。

目前和碩名列前茅的產品，有網路設備、電腦、遊戲機、智慧手機、網路裝置、光學產品、IC載板、隱形眼鏡、CNC金屬加工、汽車電子、無人飛機、VR眼鏡與系統，而和碩工業設計部門在2016年秋季美國IDEA傑出工業設計獎競賽上，也剛剛獲得銀牌榮譽。和碩努力證明了，代工產業也可以走一條有設計、有品質、有附加價值的路。

和碩，讓人感覺是很不一樣。這是一家科技公司，也是一家OEM、ODM代工公司，居然存活了，而且體質逐漸茁壯。它分家在2008年金融海嘯產業低靡之中，它股票獨立上市在2010年產業分析師一片不看好，甚

至批評咒罵之中（許多人不願擁有新成立的代工公司股票）。

○——全球第二大代工公司

短期不被看好、甚至不被祝福，和碩卻在兩年內站穩腳步，四年後突破新台幣一兆元，成為全球第二大代工公司。

和碩能走向穩健、踏實、有附加價值的企業風格，當然這位和碩掌舵人，也是2013年開始擔任台北市電腦公會理事長的童子賢居功甚偉，而他也是創立華碩、掌舵和碩，開創主機板、筆電、智慧手機、隱形眼鏡、精密金屬、IC載板等新事業，掌舵數位相機、光學設備、網路設備，在台灣電腦科技史上，塑造華碩主機板、皮革筆電等精緻產業風潮的重要人物。

他在二十二歲加入宏碁，先擔任韌體、後擔任硬體設計工程師，那是他的第一份工作；二十九歲，他與同事謝偉琦、廖敏雄、徐世昌，四個人在1989年共同創立華碩，由他擔任董事長兼總經理，直到五年後施崇棠也離開宏碁加入華碩，他才退下來擔任副董事長兼任副總經理。

從台北市長春路一間不到三十坪的小辦公室，童子賢開始主機板創業之路，三年內便成為主機板全球龍頭廠商，甚至，與華碩有結盟關係的英特爾總裁安迪‧葛洛夫都曾誇讚，「在ASUS細膩產品技術下，主機板竟然成為一個有份量的獨立產業，這是奇蹟！」在這位英特爾總裁的印象中，華碩之前的主機板廠商缺乏品質與技術觀念，一味抄襲IC公司的標準電路，很像地下工廠。

在父親的薰陶下，童子賢從小就有自我學習、常閱讀的習慣。

一路為華碩集團與和碩集團開疆闢土的童子賢，看遍了三十年來電腦產業的興衰，也因應產業成長與演化，一路創立了華碩主機板與筆電品牌事業、和碩DMS、ODM事業、景碩IC載板事業、鎧勝精密金屬事業、晶碩隱形眼鏡、捷揚光電產品，創業經驗豐富。

此外，他還延續早期在學校擔任校刊總編輯的文學經驗，創立目宿媒體拍攝文學家紀錄片，並參與誠品書店經營管理，資助電影《聶隱娘》、電視《一把青》拍攝，跨越廣闊領域。

◎── 創業就像一場自助旅行

面對詢問，童子賢用旅行來比喻生活、工作與職場。

他說，風景迷人，有人喜歡跟著旅行團跑，因為不愁交通、不愁飲食，可以走一條安全、有秩序、符合主流價值的基本路線；但是，也有人感覺在遊覽車上單調而無聊，且遊覽車路線一成不變，因此有人喜歡自助旅行，喜歡背起背包自己規劃行程、自己闖天涯，這或許不是主流價值，但是自由自在，儘管風險與成果都要自己承擔，卻自有一番樂趣。

童子賢認為，一般東方文化較為謹慎保守，人生道路安全，但是不利於培養創業需要的闖天涯、肯冒險的思維。

他的想法是，高中畢業，不想馬上考大學、進大學讀書，又有何妨？出去工作、服兵役、自助旅行、當義工，都是很好的選擇。學生的學習之路不一定要遵守三年高中、四年大學、兩年碩士等固定規矩。

就像蘋果電腦創辦人賈伯斯，在教育道路上，他決定「自助旅行」而不選擇「跟團」，也就是念了一年大學之後就休學，但是旁聽有興趣的課，儘管三餐不繼，還是前往印度流浪、禪修、學美術寫字，這些修行與

學習豐富了他的視野，陶冶了他的思考能力。正因為經過那段歷程，賈伯斯才能用不一樣的美學，創辦蘋果公司。

比起「跟團」，童子賢更愛享受自助旅行的樂趣，他的成長歷程也如同一場自助旅行。

◉── 父親是他最初的導師

1960年，童子賢出生在花蓮縣瑞穗鄉富源村，那是一個偏遠的小村落，現在附近有旅遊景點「蝴蝶谷」。當時的花蓮僻處後山，交通不便，但是純樸而自然，而他也有一位好的導師──父親，父親用隨地取材、注

童子賢用旅行來比喻生活、工作與職場，而他自己的成長歷程，便如同一場自助旅行。

童子賢 和碩聯合科技董事長

重閱讀的方式教導子女，養成他注重創意與廣泛豐富的知識，父親也成為他人生最初的導師。

「父親待人謙和，早年無師自通學會機械修理技術，在瑞穗街上開鐘錶店養家並發展自己的興趣，」童子賢述說著記憶中的父親，「他小學、中學接受日式教育，但他並無老式的嚴肅與刻板，而是善於開放溝通。

「他很少禁止我們做這做那，比方說，小學生自己組織棒球隊，他就在家用有限預算撥款買棒球手套；又比方說，富源溪、秀姑巒溪河水急、暗石多，波濤洶湧，到河裡游泳其實有危險性，一般父母害怕發生意外，都會禁止小孩戲水，但身為義消小隊長的父親，很會游泳，接受過正規救生訓練，夏天他常常直接帶著我們學習在河裡游泳！」

每天晚上，工作告一段落，「爸爸就騎著摩托車，帶我們到沒有光害、遠離路燈的地方，一起抬頭看星星，教我們浩瀚無垠的星空知識，」那些快樂溫馨的時光，至今烙印在他腦海。而且，父親自日本定期訂閱日文書籍，從小學起，童子賢就聽父親講述了太陽系、牛頓運動定理等科學知識，以及日本戰國群雄的歷史故事。

自己決定讀台北工專，十五歲一個人上台北讀書，而不在花蓮進入一般高中，父親也給予尊重與支持。「父親對我最好的影響，就是很少給我們條條框框的限制！」童子賢很喜歡父親自由、不設限的教育方法。

◯── 自我學習與愛閱讀的習慣

儘管沒有刻意說什麼大道理，童子賢的父親用身教，為他留下一輩子受用的寶藏。看著父親專注閱讀的身影，童子賢體會到自我學習的價值，也養成了愛閱讀的習慣。

那個年代，農家小孩都會參與家裡的農忙或勞動，小小年紀的童子賢也不例外，他與兄弟姊妹習慣在寒暑假與課餘時，或到花生田「拾穗」，或在年節時擺攤賣冰、設抽獎的盒子，或賣水鴛鴦、鞭炮。雖然父母照顧生活無虞，但當時小孩都會自己想辦法攢些零用錢，而他一旦存夠錢，就常去郵局劃撥買書，科學、歷史、文學，各種類型的書都有，樂此不疲。

愛看書的他，經常自己一個人，躲在操場樹蔭下，享受看書的單純快樂，也學會了，原來可以用不同角度觀察舊世界……。

除了買書看，童子賢的日常生活也很豐富。國小四年級，他就會偷偷拿一些外公中藥材料店的硫磺與硝石，自己實驗從書本學到的火藥知識，當孩子頭，帶著玩伴自己動手磨火藥、做火箭發射升空。

「我很幸運能在鄉下讀國小、國中，周遭可以看遍養牛、養兔、養豬、種菜、種蘿蔔的生活型態，鄉下學校升學氣氛不濃，音樂、美術、勞作、體育，什麼課都照上！」他還長期擔任瑞穗國小、國中的學校樂隊指揮，常帶領小朋友訓練軍樂隊演出的技能，從進行曲演奏到花式隊形都練習。鄉鎮裡常有廟會、花燈遊行、婚喪喜慶，師長會安排樂隊出去表演，讓大家趁機秀一下，小孩子樂在其中的是還有紅包可以領。

那些有趣的經驗，讓他對許多事物充滿好奇，想去摸索、親身實驗，造就他興趣廣泛，靜能讀書、讀史、讀詩，動能浮潛、攝影、騎重機……。在這種環境中長大的童子賢，總是能從生活或工作中找到無窮樂趣，也發現人生的各種可能。

◉──自己決定未來人生

童子賢的求學之路，也是一場自助旅行。

童子賢 和碩聯合科技董事長

　　1975年，童子賢考上台北工專電子科。成績不錯的他，大膽放棄高中，也放棄了名列前茅錄取的師專，這裡面有他自己的嘗試與選擇。

　　早在國中時代，童子賢與幾位早熟的國中同學，已經半懂半不懂地讀完《紅樓夢》與五四運動時代的許多書籍，思想的啟蒙活躍了他的心思，他尤其喜歡閱讀胡適的書，喜歡胡適勸告青年人練習獨立思考、不要受威權矇騙的話，這些思想深深開啟了他的心，他有自己選擇道路的想法，也找機會從花蓮鄉下到台北，去探索更廣闊的世界。

　　到了台北，自然不能放過向胡適這位已逝哲人近距離接觸的機會，開學第一天，他就獨自搭公車到中央研究院內的胡適墓園（現在的胡適紀念館）「朝聖」。從此，每當心情苦悶，他就會到那裡，或躺臥草地上讀書，或躲在中研院圖書館裡借書讀歷史。

　　蹺課、自由選課、不穿制服，當時台北工專「包容」了童子賢之類大

251

跨世紀的
產業推手

20個與台灣
共同成長的故事

　　膽而莽撞的小夥子，容許他們選擇自己的學習方法，童子賢也深深喜愛台北工專的學制，他認為，在標準的「高中、大學」道路上，工專的學制就是另外一場自主旅行。

　　儘管蹺課這件事並不符合社會規範的主流價值，但沉浸在書堆裡的他，一有感想就在紙上塗塗寫寫，練就一手好文采，當國文老師要大家繳交兩千字的讀書刊物報告，他蹺課，卻寫了洋洋灑灑快一萬字，內容十分精采，結果讓老師大為讚賞，而不計較他的蹺課。編輯、寫作、練國樂，自由自在探索式的快樂讀書，也讓他更確信，這樣的選擇是值得的。

　　就讀台北工專期間，童子賢覺得許多傑出同學的態度與觀點，給予周遭同學許多啟發。譬如說，有一次實習課，儀器測出來的結果有些問題，

童子賢 和碩聯合科技董事長

對於毛病出在哪裡，大家七嘴八舌討論了半小時，一位平日誠懇踏實的同學此時挑戰地說：「大家辯論了半天，為什麼沒有人直接拿螺絲起子，打開儀器檢查？」

眾人如夢初醒，真的大膽把儀器打開一看，果然其中有個電阻燒壞了，當場找出問題。經歷一次次類似的刺激，也讓他從中得到啟發，其實傑出團隊可以互相挑戰、互相啟發，原來答案未必在既有的條條框框裡，原來千夫諾諾不如一士諤諤。

◎──跳出框架看世界

1978年，童子賢進入工專三年，正值類比與數位技術交替，有些出國留學的學者返台教書，帶回最新的數位設計理論。儘管當時微處理機所帶動的新的數位產品還未成熟，但是引起許多同學高度好奇與熱情，童子賢也在其中。

他求知若渴，廣泛涉獵每個專業科目，他不設限的學習態度發揮了效果，他會嘗試蒐集交大、清大、台大等校各種教科書以積極吸收新知。

因為身處數位與類比技術教學的「跨越的年代」，他還在系刊上比較新、舊教科書的編排，探討技術的深淺，並大膽評論學校教科書與教材是否跟不上數位技術……。

儘管童子賢還只是工專學生，相當於大一、大二的年紀，見不多也識不廣，但是他嘗試理順邏輯與多思考、肯檢討、肯反省的學習企圖，已經展現。「環境裡總是有很多困惑，但面對大疑惑才會有大解脫，解惑和追求答案的過程總是樂趣十足，」童子賢說得一派率真，同時他也笑著說自己真的難以認同「團體旅遊」的填鴨式教育現象。

「這個世界，從教育到學習，從戰爭到和平，沒有標準答案，甚至也沒有『標準問題』。創新的動力，是要找出讓世界變得更好的解決方案，但在一開始，我們不知道最終答案，甚至連如何定義問題都不知道，」因此，我們必須反省，教育體系能否培養出有能力思考的學生？童子賢如此問，因此他也支持當下風行的把「傳道、授業、解惑」順序顛倒過來的「翻轉式教育」。

「你要自己定義問題、追求答案，」童子賢建議年輕人，「要不斷培養自己的好奇心，培養學習新事物的興趣和能力。」

◉── 學習，是要學態度和方法

童子賢的學習之路，選擇了自由行，從此能夠更自在地探索世界、擁有各種可能，即使離開學校，也不會就此停滯。

1980年，童子賢從台北工專畢業後，考上預官通信官科，在金門當了一年半的少尉通信官。服役期間，他把當初蒐集的各大學教科書都帶到金門，重溫專業書籍，赫然發現，「科技、物理領域裡有太多很美的東西！」

服完兵役後，二十二歲的他，進入宏碁，擔任韌體工程師。為了專心學習，剛開始工作那三年，住的公寓房子刻意不裝電話，也沒有電視；同時，他把學校學過的教材拿出來，全部重新看過一次，發現「以前學校教的並不是沒有用，內容可能落後，但教你的邏輯與原理、原則和方法，其實才是最珍貴有用的。」

甚至，他還懷念第一份工作宏碁的學習環境，「宏碁的工作環境就是最好的大學！」童子賢說，宏碁許多前輩對工作的執著、對專業深入學習

童子賢 和碩聯合科技董事長

的態度，「讓我大受震撼，超越你對書本知識的學習！」

人生的學習道路有「經師」、有「業師」，即使早已從「宏碁大學」畢業多年，他還是感念並尊敬施振榮，「『施振榮大學』教導的是一種勤勉學習與人性本善的風範，終身受用，」童子賢說。

世界變化太快，「你不可能在大學四年學會未來五十年或六十年要用的所有知識。教育，最好的部分是啟發興趣、揭開視野、啟動學習，教育的本質應該是啟發你自己定義問題、尋求答案的興趣與能力，還有認真執著的態度，而不只是傳授很多龐雜的知識。」

童子賢認為，面對創業，也應該抱持這樣的態度，不是學別人怎麼創業，而是學習解決問題、組織起答案的態度與邏輯方法。他說，台北工專和宏碁讓他學會慎思、明辨，也是教會他創業很重要的環境。而諸多明師也都在學習的路上有形無形指導過他，他認為，父親、胡適、施振榮，甚至許多傑出的朋友、同學……，都是學校以外，更重要的明師。

對於有心創業的年輕人，童子賢建議：「可以犯錯，不要冷漠。」他說，這是一種態度，因為這個世界是如此寬廣、學習之路是如此迷人，大家要勇敢去探索。

童子賢認為，挫折或徬徨是創業或學習的必經之路，卻不會阻撓你往前走，「即使碰撞得頭破血流都好，挫折本身比修學分還重要，」他說，「你可能經歷十個挫折、十個成就，但在多次反覆的過程裡，你會找到自己的方向，重新建立信心。」

文／傅瑋瓊

楊岳虎

「好宅」推手

為建築界樹立標竿

璞園團隊璞永建設董事長

一個學電機的農家子弟，立志要在建築業占有一席之地。
經過十三年苦練基本功，他勇敢踏上創業之路，
以「專挑好地點，專蓋好房子」做為核心理念，
為台灣建築界樹立「精緻好宅」的標竿。

2012年10月，位於台南大內區的二溪國小，原本老舊的圖書館，搖身變為明亮又舒適的「星空圖書館」。

圖書館的入口處，有星空隧道意象迎接孩子，兩旁的螢光線條象徵流星，將他們引進星際啟航的卡通世界。在這裡，孩子們可以打開一本書，神遊其中，或是躺在地板上，抬頭仰望天花板上的星象彩繪，想像自己置身在浩瀚的外太空中。

○── 脫胎換骨的轉變

將圖書館脫胎換骨的幕後推手，是二溪國小校友楊岳虎，在他的熱心推動和贊助下，募得新台幣一百四十六萬元的經費，進行圖書館大改造。校方原本找來的設計師因為離職而無法配合，也是在楊岳虎的牽線下，另外找到適合的設計師「救火」，順利完成改建工程，還因此引起市長賴清德關注，並要求全市中小學比照辦理。

這位當年在師長眼中愛畫畫的「阿虎」，出身貧困，靠著白手起家，在建築界奮鬥多年，如今已是璞園團隊璞永建設董事長。

楊岳虎
璞園團隊
璞永建設董事長

在他掌舵下的璞園團隊，是台灣建築界的優等生，蓋出了許多備受好評的指標建案，包括：「勤美璞真」、「仰哲」、「過院來」，講究創意和細膩的高品質，被譽為「最會蓋高級住宅」的團隊。

身形清瘦，氣質內斂的楊岳虎，就像他所打造的房子，沉穩又獨特。提到創業理念，他很有自己的想法：「我們不當最大的公司，也不當最賺錢的公司，但是希望當最有影響力的公司。」

◎── 半工半讀的水電學徒

1959年出生的楊岳虎是農家子弟，由於父母的經濟能力，只能供應一個孩子上國中，從小功課還不錯的他，就成為四個兄弟姊妹中，被選上的那位幸運兒。

小學時代，因為讀到中國第一位鐵路工程師詹天佑的故事，觸發他人生的第一個志願：當工程師。不過，由於家境貧困，父親希望他國中畢業後能去考師專，日後可以有份穩定的教職。

然而，事與願違，楊岳虎並沒能考上師專，後來在表姊的介紹下，他到台北半工半讀，白天當水電學徒，月薪兩百五十元，晚上則念開明商工電工科。

回憶那段學徒生涯，坦白說師傅對他並不差，只是勞務工作難免辛苦，他曾經在冬天從新店騎腳踏車去淡水工作，迎面而來的寒風，差點沒把他凍壞，為了能趕回來上晚上的課，還跟老闆商量縮短中午休息時間。不僅如此，由於經常要在工作中提很重的水泥塊，讓他留下肋骨側彎的後遺症。

值得一提的是，由於水電師傅本身也做建築，楊岳虎看在眼中，因而

有了人生的第二個志願，就是希望自己有朝一日，也能夠當上建設公司的老闆。

　　就讀開明商工時，班上多數同學是退伍後才去念書，只想混個文憑就好，但楊岳虎卻相當認真，老師也因此格外賞識他，「老師上課時，每教完一個段落，都會先看看我的反應，如果我點點頭，表示聽懂了，才會繼續教下一個單元，」楊岳虎回憶。

　　高工畢業後，為了兼顧家中農事，楊岳虎回到台南就讀南台工專。只不過，雖然成績是第一名，卻覺得應該還可以自我挑戰更高的門檻，因此念了一學期就去重考，考上台北工專二專電機科，「當時就曾經想過，未來要從機電工程切入建築這一行，」楊岳虎透露。

「當年，台北工專是台灣最好的工專，拿著畢業證書，找工作真的很容易，」楊岳虎笑道，退伍時，就有三份好工作等著他選。

楊岳虎先進入羽田汽車，後來考入台塑集團的南亞，當機電工程師。某天，他在報上看到昇陽建設在找機電工程師，當下就覺得機會來了。

這份工作競爭激烈，七十個人應徵，只錄取一人，楊岳虎是最後的勝出者，從此拉開他在房地產業發展的序幕。

◉ ── 磨練十三年創業

在昇陽任職的第二年，楊岳虎就從機電工程師升到機電科長，四年後升工務部副理，後來再調任土地開發部，由於取得土地是開發建案的第一步，屬於建設公司的核心部門，這段歷練相當珍貴，加上之後又參與了業務銷售，讓楊岳虎有機會深入建設公司運作的各個層面，為他日後的創業奠定扎實基礎。

楊岳虎坦承，像他這樣可以在不同部門轉換歷練的人其實不多，他的機會來自於認真工作，「我是公司第一個上班，也是最後一個下班的人，公司有鑰匙開門的人，就是我和財務部的人，」對於上級交辦的事情，他從不拒絕，絕對使命必達，練出一身好本領，最終受惠的還是自己。

受訪時，楊岳虎提到「7 UP」的理論，指的是在職場練好六年的基本功，第七年必然會有所表現。事實上，當他自己創業時，早已在昇陽建設歷練了十三年。

1996年，楊岳虎決心自立門戶，和同樣是昇陽高階主管出身的富陽建設合資創立富鴻建設。

創業有兩件大事：一是錢，二是人。前者靠著他個人理財，以及跟

長官、老同事募來的資金，大約有九千萬元；後者則有老東家的戰友組成團隊。

由於創業資金不算多，深思熟慮後，他決定以小規模、土地買斷（合建案的溝通協調比較耗時費事，因此先不考慮），以及高品質（設計、建材、服務）的建案，做為進軍房地產的初期策略。

創業初期，楊岳虎除了參與規劃轟動一時的休閒住宅大案「富陽四季」，也投資興建仁愛路上的豪宅「當代」，請來名建築師黃永洪設計，以全棟石材外觀做為賣點，只是由於景氣實在太差，儘管備受矚目，預售成績卻不太理想，但他並沒有因此降低建材等級，還是在不賺錢的情況下，如實完成這個建案。

在富鴻建設時期，陸續又推出「六荷」、「敦北璞園」、「仁愛璞園」、「俠隱」等小型建案，在景氣影響下，這些建案銷售速度有快有

楊岳虎有一套「7 UP」理論，指的是在職場練好六年的基本功，第七年必然會有所表現。而當他自己創業時，早已在昇陽建設歷練十三年。

慢，但楊岳虎依然堅持「蓋好宅」的原則，也持續創造好口碑。

2001年，基於財務考量，楊岳虎和團隊另外成立了璞永建設，隔年再成立璞全廣告、璞園廣告、璞昇建設、璞寶營造，組成了涵蓋建設、營建、廣告等全方位的「璞園建築團隊」。

◎──專挑好地點，專蓋好房子

由於老東家昇陽建設就是以打造高級住宅而聞名，楊岳虎創業後，也繼承這個理念，以「建好宅」做為集團中心思想。所謂「建好宅」，簡單來說，就是「專挑好地點，專蓋好房子」。

「好地點」，基本上就是都會中的精華地段，當然也是眾家建設公司

從楊岳虎的私人收藏，不難看出他的文化與美學底蘊。

的必爭之地，要爭取地主信任，建設公司聲譽是一大關鍵。楊岳虎分析，台北市碩果僅存的地，地主不是很有錢，就是很有個性，賣土地有如嫁女兒，非常挑「對象」，璞園團隊雖然不是業界最大的建設公司，但是創業以來，靠著蓋出好房子，累積了一定的口碑，土地來源並不匱乏。

至於「好房子」，則來自於創新、施工品質、客戶服務三個堅持。「我們不想蓋千篇一律的房子，每個建案都是獨一無二，」楊岳虎自豪地說，每當一筆土地訊息進來時，便會思考這塊地要蓋什麼樣的房子，完成產品定位後，再去找適合的建築師，交由建築師盡情發揮。

像璞園團隊代表作之一的「過院來」，是罕見的陽明山別墅建案，由建築師李天鐸負責全區的規劃設計，再由李天鐸、簡學義及李瑋珉，分別設計出十四種造型別墅，形成一個既合又分、既有社區形式又每棟別墅各具表情的多樣貌社區，李天鐸也因為這個建案而聲名大噪。

◉── 把建案當藝術品琢磨

「房子的品質，有看得到的部分，也有看不到的部分，」楊岳虎指出，看得到的門面、外觀，做得富麗堂皇，並不困難，然而，真正影響居住品質的關鍵，其實是看不到的內在結構體，包括：建材的選擇、建築工法的安全性、施工的細膩度、空間規劃的實用性……，每個環節都需要嚴格把關。

「我們不是追求投資報酬率的公司，一分錢一分貨，連模板的精準度，都有所要求，」楊岳虎強調。

至於客戶服務，不論是為他們量身規劃需求的平面、進行交屋、協助裝修，或是售後服務、大樓品質維護，始終秉持尊重和體貼的態度，甚

至早年富鴻建設所蓋的房子，也持續維護，「二十年內的建案，都會提供保固保修，」楊岳虎說。

不僅如此，早期有不少建設公司為了吸引客戶上門買屋，在樣品屋上動手腳，或是超放尺寸，或是偷牆壁厚度來營造寬大空間感，重視誠信的楊岳虎，堅持樣品屋必須跟實屋坪數一樣大。

此外，璞園也領先業界，首創「施工說明會」。

在預售告一段落、開工之前，召集所有住戶，一方面徵詢意見，另一方面讓住戶彼此熟悉、凝聚社區意識，將來在公設維護以及共同規範上就比較容易溝通。對建設公司來說，這只是小事一樁，對住戶的心理感受卻是一大加分。

「其實，要蓋好房子並不難，只要你願意少賺一點，」楊岳虎直言，如果公司上市、上櫃，當然可以建案、股票兩邊賺，但是業績壓力隨之而來，為了追求利潤最大化，很多堅持就難以為繼，這也是為什麼璞園始終沒有上市、上櫃，不希望堅持品質的信念，因為追求本益比而受到影響。

像楊岳虎相當引以為傲的天母名宅建案「仰哲」，當初地主決心要賣地重建時，有個條件，就是設計圖要讓他滿意，才會簽約，結果雙方一磨，就是八個月，這期間他其實是冒著萬一失敗，形同白忙一場的風險，所幸最後終於完成了讓地主滿意的房子，如果是急於獲利的公司，很難投入這麼多的時間成本去成就一個建案。

座落在信義路三段的「勤美璞真」，享有大安公園的完全視野，是全台第一個預售價格超過每坪百萬元的豪宅。

撇開房價不談，建築物的外觀就頗具特色，不同於一般方方正正、火

楊岳虎
璞園團隊
璞永建設董事長

肯吃苦、肯學習，有所為、有所不為，楊岳虎的成功歷程，為「築夢踏實」做了最好的詮釋。

柴盒式的房子，四組垂直達天際的方盒，從露台、陽台設計產生進退深淺的層次感，搭配兩側躍動的圓弧造型，方圓之間，散發出洗練的風情。

創業二十年，璞園的建案風格持續演化，早期走方正工整路線，後來開始進入局部變化，現在則開始講究建物每個立面都要有表情及量體變化的設計。

風格的演化，代表楊岳虎把建築當做城市文化財來思考，當城市充斥

著外觀千篇一律的房子，很難形成在地的建築文化，做為台灣建築業界的一份子，他認為，自己有責任打造出外觀有特色，而且又耐看的房子。

不過，要讓建築物有表情，可能就要犧牲原本可以銷售的空間，甚至因此增加工程成本，但是楊岳虎還是不改初衷，寧可少賺一點錢，以「雋永」為目標，把每個建案當做藝術品來琢磨。

創業是長期抗戰，是否有志同道合的創業夥伴，常常成為創業成敗的關鍵因素，而楊岳虎一路走來，也得力於有個堅強的團隊。

創業之初的三位合夥人，除了楊岳虎，還有現任璞園建築團隊董事長李忠恕、副董事長張晃魁，三人都出身於昇陽建設，默契自然不在話下。

楊岳虎不諱言，三人專長不同，個性也迥異，難免會有歧見，能夠在創業這條路上合作多年，無非就是認同「蓋好宅」這個理念，因此有別於其他以賺錢為第一優先的建商，從前置作業就投入相當長的時間，用心做好每個建案。

◎──築夢踏實的人生

2015年11月17日，在第一屆傳善獎頒獎典禮上，楊岳虎以「癌症希望基金會」董事的身分，上台領獎。

這個基金會成立於2002年，以服務癌症病友及家屬為宗旨，由於基金會負責人是璞園的客戶，楊岳虎因此受邀擔任董事，每年出錢贊助。

小學時，他曾立志當工程師；高中時，他的目標是成為建設公司老闆，這些心願後來都達成了。長期學佛的他，對於「因果」、「善念」、「結緣」，有著很深的體悟，因此他在五十歲時立下了新的志願，就是投入公益活動，善盡企業家回饋社會的責任。

璞園推動的公益活動，大致上可分為體育、藝術、幫助弱勢團體三個方向，尤其後兩者，楊岳虎更是投入甚深。

　　身為「當代藝術基金會」的董事，楊岳虎積極推動藝文活動，他個人最津津樂道的例子，是2008年贊助日本建築大師伊東豊雄在台北市立美術館舉辦「衍生的秩序」展覽，在那之後，伊東豊雄和台灣就有不少合作機會，也在北、中、南完成數件作品。

　　建築藝術之外，包括：柏林愛樂、太陽馬戲團在台灣的演出，或是畢卡索特展，璞園都曾經是贊助者。而目前最大的贊助項目，是位於北美館南側的王大閎建築師自宅重建案，2016年9月中完工，之後將贈與台北市文化局安排啟用。

　　由於出身寒微，楊岳虎對弱勢家庭孩子的處境，特別能感同身受，從過去捐款各地的家扶中心，到近期透過「璞永小學堂」鼓勵偏鄉孩子閱讀，或是擔任「世界公民島：有任務的旅行」發起人，贊助年輕世代出國打開眼界，出發點都是為台灣的未來播下希望的種子。他也贊助劉安婷發起的TFT送老師到偏鄉活動，希望善的力量持續進行下去。

　　當年楊岳虎要創業時，曾經有長輩提醒他：「如果你要當生意人，就要當個不一樣的生意人。」回首這二十年，眼見璞園團隊已在台灣建築界樹立標竿，楊岳虎很欣慰，自己走出了一條不一樣的路。

　　他的成功歷程，為「築夢踏實」四個字，做了最好的詮釋：要有夢想，但是朝夢想前進的路上，除了要一步一腳印，肯吃苦、肯學習，也要懂得堅持，有所為、有所不為，終有機會成為自己夢想中的那個人。

文／謝其濬

沈振來

華碩執行長

從工程師到企業家
懷抱公心追求世界第一

連續三年，華碩都拿下經濟部「台灣二十大國際品牌價值調查」第一名，
是屹立不搖的台灣之光。
從主機板、筆記型電腦EeePC、變形平板Transformer到智慧型手機ZenFone，
每個令人眼睛一亮的創新設計背後，都有執行長沈振來的點子。

或許是鄉間山野環境的影響，出生在台南縣東山鄉的華碩電腦執行長沈振來，從小就有著獨特的開創性格，後來也成為他工作生涯最重要的優勢之一。

「小時候出門都打赤腳，經常到山裡捉迷藏、到溪裡玩水、爬到樹上玩耍，甚至被山豬追，根本不害怕毒蛇猛獸或高山深水，也因此培養出我的冒險性格，」一般人做事情可能要有九成的把握度才會做，但「我只要有六、七成就願意去嘗試，」沈振來說。

小時候的成長環境，讓沈振來的思考較不受限制，對萬物都充滿興趣，對事情也總有異於常人的熱忱與堅持。

「這可能也是台灣的一種典範吧，」沈振來笑說，他原本是非常普通的鄉下小孩，從小沒有太大抱負，但後來透過教育系統及訓練，也能成為擁有世界觀的人才，把鄉下的右腦思維（感性）與城市的左腦訓練（理性），結合得相當完美。

小學時的他，成績並不突出，但爸媽希望孩子成材，儘管家境窮苦，還是堅持將他送進私立國中，而他也非常爭氣，第二次全校考試就拿到最佳進步獎，第三次考試之後更一直維持在全校前五名。

到了高中聯考，沈振來不僅考上台南一中，成績更是名列前茅。只是，他也在此時面臨人生第一次的掙扎抉擇。

同時考上台南一中、台南師專、台北工專的他，為紓解家中經濟壓力，一度要去念師專，後來仔細想想，「那個年代，台北工專的畢業生就業容易，而且只要念五年就可以出來工作，所以還是選了台北工專。」

○—— 專注、多工，化解文化衝擊

負笈北上之後，沈振來面臨很大的文化衝擊，「當時從台南家裡到台北，要花至少十個小時，就跟現在從台灣到美國差不多；因為都市與鄉下的生活節奏差很多，而且五專不像國中生活那麼緊張，文化差距又大，一開始不太能適應。」

直到專二時，他加入教會，有了堅定的信仰，而且因為跟教會弟兄住在一起，過著十分規律、緊湊，又相當單純的生活。

「除了寒、暑假，一年有九到十個月的生活都很扎實，早上六點起床，去教會參加晨興，每天七點半大家一起吃早餐，八點到學校上課，每週上滿四十四堂課，放學後就回宿舍看書，休假日多半也是跟教會長輩及弟兄在一起，」沈振來回憶，這樣規律的生活，讓他的性格更加單純。

台北工專時期的他，有著鄉下小孩的純樸，再加上教會生活的薰陶，讓他更有耐心專注在自己分內的事，不易受外界雜音與誘惑干擾，也因此學會多工處理的做事能力，對時間的掌握極為精準。

無論生活或工作，沈振來往往可以同一時間做幾件事都不會失焦，輕鬆從一個話題切換到另一個話題、從一種思維切換到另一種思維。

「現在都市小朋友的生活太過正規，比較不會換個角度思考，總覺得

一加一絕對就是二；反觀鄉下的小孩，思考相對靈活，只是當他們來到都市，就得面臨許多考驗，要看正規的能力能否禁得起競爭，」沈振來分享過來人的經驗。

◎── 公心是成功密碼

踏入職場之後，沈振來最早在工研院電子所擔任工程師，1988年加入宏碁公司，從研發部高級工程師一路做到經理，六年後進入華碩，工作生涯也隨之進入黃金時期。

因為在主機板事業的優異表現，獲得華碩董事長施崇棠賞識，從研發協理、研發副總升任事業群副總，2006年接任最佳開放式系統事業群總經理，掌管主機板、多媒體、系統、電源與機殼、數位家電及伺服器等事業處，2007年7月更接任華碩執行長大位。

談到自己的成功密碼，沈振來的詮釋很獨到，他認為，「公心」扮演關鍵角色。

「私心很強的人，只考量自己的利益，不容易進步；公心很強的人，會犧牲自己的權益來成就團體利益，成長速度才會快！」沈振來強調，無求的人會更放得開，反倒更容易進步，無欲則剛就是這個道理。

「我不太注重薪水與職稱，只是一味認真工作；在宏碁工作期間，還曾被關係企業的高階主管指責我太過『自私』，做這麼多卻賺這麼少，對家人不太公平！不過，後來我什麼都有了，顯然愈是不多想就愈會擁有，」沈振來大笑說。

對於錢與權都無所求，支撐沈振來在工作崗位上持續付出的最大動力，就是對各種事物的熱愛。他回憶，「進入宏碁的前三個月到半年，晚

沈振來 華碩執行長

上十點關門的幾乎都是我，回家以後還會繼續忙到半夜兩點。」

他在設計產品時非常專注，幾乎會把整個電路圖都放在腦袋裡，而且自己事情忙完了還會主動去幫忙別人。

沈振來當年在宏碁所做的第一個專案，是開發高難度的多重處理系統（multi-processor system），其中涵蓋系統、IC設計以及軟體三大項；他負責的是系統部分，但也幫忙做IC設計，最後還將這三者整合。

因為他沒有私心，總是為了部門的集體目標而努力，所以從工研院到宏碁、華碩，他在同事間的人緣總是特別好。

後來，沈振來出任華碩執行長，更加認真看待每件產品、每場發表會、每次與供應商的會議，他把每件事情都當成全新的挑戰，每次簡報都會準備全新的內容，如此才能繼續保有高度的熱情。

「我把每一頁簡報都當成一個工業設計，」沈振來說，他要讓消費者看到華碩完美極致的精神，以及追尋無與倫比的堅持。

◎─── 感謝良師益友

除了做事態度，沈振來慶幸，他的人生中有兩位重要貴人與導師——施崇棠與徐世昌。言詞中，盡是滿滿的感激。

施崇棠是一路提拔沈振來的貴人，兩人從宏碁時代共事六年、到華碩時代二十二年，至今已有二十八年亦師亦友的情誼。沈振來回憶，「當時施崇棠先生在宏碁擔任副總，我只是高級工程師，但半年後施崇棠先生就開始跟我討論技術，一直討論到2010年。」

事實上，施崇棠在選擇沈振來接任執行長時，內、外部都有不少雜音，但沈振來的成績會說話，他證明了施崇棠的眼光是正確的，更證明了

兩人是台灣科技業界絕無僅有的最佳拍檔。即使曾面臨低潮，施崇棠還是力挺到底，深信沈振來可以度過難關。

「施崇棠是願景家，我是實踐家，」沈振來對施崇棠的邏輯架構、理論論述、策略思考，全都佩服得五體投地，但這些遠大的夢想，也正因有沈振來的執行力，才可以將施崇棠的理論與願景付諸實現，落實在華碩的企業管理。

舉例來說，施崇棠提出了一個願景，希望華碩成為世界上最受尊崇的領導企業，沈振來立刻將這個願景轉化成可以量化的指標，他提出了心占率、市占率、毛利率的3M率，讓華碩上下擁有具體的成長目標。

因為有施崇棠這位典範，沈振來進入華碩後，在耳濡目染之下，一步一步培養出自己的管理基因。

「我首先學的是工程師精神，」因為從小的成長環境與工程背景，沈振來對於崇本（追求真理）與務實（注重結果）這兩件事，很能心領神會；接著，他開始學習企業家的精實思維，從成本價值比去考量產品規劃，不僅要精算代價，更要注重能夠產生多少價值、實現多少目標、完成多少夢想。

沈振來對華碩的經營哲學倒背如

沈振來並非一開始就身居高位，他的第一份工作，是工研院電子所工程師，憑著務實學習的精神，為他累積許多寶貴經驗，在日後的職場上逐步展現實力。

流，與其說是經營管理過程的長期內化，還不如說這些東西本來就在他的基因中。對科技始終懷抱熱情，用創新驅動發明，大膽築夢，為人類創造數位生活的無限可能，「當施崇棠告訴我這些理念時，我第二天就全部記起來了，不需要硬背，因為跟自己挺像的！」沈振來得意地說。

不過，「除了是企業家，施崇棠還有一股藝術家風範，」沈振來坦承，對他而言，這方面是有難度的，但是，他從2010年起，開始帶領筆記型電腦、手機等產品團隊後，為了達到創新唯美的目標，也跟著施崇棠學習對美學、藝術、品味的掌握能力。

「施崇棠先生飽覽各種美學與設計書刊，包含許多時尚類雜誌，對於聲音、音樂也極有熱忱，並深入研究。

「最重要的是，他是華碩所有產品工業設計最後的把關者，受到他的影響，我也開始涉獵不少相關書籍，也在每個星期一的工業設計檢討會議時參與討論，變成我最好的在職訓練，」沈振來微笑說著自己的轉變，「有些東西不在基因裡頭比較難，但也慢慢培養到八十分了。」

如果說施崇棠是沈振來的教練兼好朋友，那麼原本擔任和碩副董事長、2016年5月才接任華碩策略長的徐世昌，就是沈振來的好朋友兼教練。

「我從進宏碁之後，就跟徐世昌坐在附近，在華碩與和碩分家之前，我們再怎麼換位置，也都一定比鄰而坐，而且很喜歡聊天討論！」沈振來非常欣賞徐世昌的洞察力與創意，每次有問題請教他，他總能明確掌握問題、精準回答，而且創意十足；而徐世昌則是對沈振來的執行力印象深刻，每回不經意的聊天素材，後來總會展現在組織與產品的改善中，兩人惺惺相惜，可見一斑。

然而，工作生涯難免遇到低潮，沈振來也不例外。「從宏觀角度

看，似乎是一帆風順，但從微觀角度看，總會遇到很多挫折，」只不過他總是正面思考，當別人看到的是問題，他看到的卻是如何把問題轉換成機會，即使遇到挫折，他頂多失眠一個晚上，就會起身去突破這些困境。

◉——把問題當成機會

對沈振來而言，2008年年底那個冬天，是一生中最難熬的日子。

當年沈振來帶領華碩團隊，創造EeePC的空前成功，獲得無數讚揚；但到了第四季，因金融風暴而導致公司出現單季虧損，就有許多人質疑他究竟是否適任執行長，「我在一年之間經歷兩種極端，也是絕無僅有！」

沈振來（左1）分析自己的成功密碼，得出的答案是「公心」，因為公心強，會犧牲自己的權益來成就團體利益，成長速度才會快。

那時的衝擊，讓他至今記憶猶新。

2008年12月中旬，沈振來已經發現景氣不佳導致庫存偏高的狀況，是他擔任執行長後第一次繳出虧損成績單，失眠一個晚上後，他決定先取消休假，到公司思考對策。

這時，徐世昌對他說：「現在華碩已經像是進到加護病房，你有權做任何事情。」

沈振來評估公司情勢，其實整年度還是有獲利，財務狀況不至於太糟糕，但他知道受打擊最大的是員工的信心，因此他的首要之務，就是挽回員工以及供應鏈的信心。

幸運的是，在發生問題的前三個月，沈振來正帶領另一個團隊，開發一款設計完美、體驗更好且成本控制更好的K系列創新筆電機種，預計在2009年3月推出。他一一拜訪供應商，希望大家能在報價上大力幫忙，也答應如果後續訂單沒有衝到一個量，會將報價漲回來。

眾志成城，這款產品順利上市，並且熱賣，從3月一直缺貨到9月，不僅員工、供應商與消費者的信心回來了，局勢也完全改觀。

○—— 打破彼得原理

管理學上有個知名的彼得原理——組織中的人常會被擢升到不能勝任的職位，然後就在那個職位原地不動。沈振來有次好奇地問施崇棠：「我會不會也碰到彼得原理？」

施崇棠不假思索回答：「你不會碰到彼得原理，一個自我學習、自我成長能力很強的人，不會遇到這種問題。」

來自鄉下的沈振來，在高手如雲的職場環境打拚，他就像海綿一樣，

善於將別人的優點吸收成自己的優點，所以能夠做什麼像什麼。他向施崇棠學習學者的論述能力及藝術家的眼光，向徐世昌學習洞察力與創意，因此許多人都發現，他總是不斷蛻變成長。現在的他，早已不是產品導向的工程師，而是全方位的管理者。

沈振來分析，「因為自己比較單純，所以多了一種理想性格，或者說是一股傻勁，」對於想要進入的每件事，往往有大於常人的信心，明明

華碩連續三年拿下經濟部「台灣二十大國際品牌價值調查」第一名，是屹立不搖的台灣之光。

沈振來 華碩執行長

看起來是不太可能的事，重新思考一下就變得可能了，即使一開始是錯誤的，經過一段時間也可能變得正確。

正因為有了重新思考所有可能（rethink possible）的信念，沈振來從主機板進入筆電、手機等系統產品，從研發與產品規劃進入到採購、銷售、行銷等領域，幾乎沒有遇到什麼障礙，他相信很多事情都是一通百通，只要秉持同樣的信念與認真投入，就不會遇到無法衝破的關卡。

◎── 坦承致勝的管理哲學

除了對所做事情充滿信心，沈振來也非常重視人與人之間的信任感，這就是他服膺的坦承致勝管理哲學。

有「世紀經理人」之稱的奇異（GE）公司前執行長傑克·威爾許（Jack Welch）在《致勝：威爾許給經理人的二十個建言》（天下文化出版）一書中談到，若不能開誠布公，便可能阻絕創新和行動力，也會讓優秀人才無法各展所長。

「我看過很多書，對『信任』這個字最有感觸，要把事情做得很快、很好，最關鍵的就是信任，要對員工信任、對供應商信任、對客戶信任！」

沈振來所說的信任有兩層意義，第一是要能設身處地，站在對方的立場思考，然後再換回自己的立場考量；第二是雙贏，希望任何決定都能對雙方有好處。

談到坦承致勝，EeePC是一個很好的實例。2007年沈振來帶領華碩團隊，與英特爾攜手打造第一代小筆電，當時小尺寸面板報價很高，沈振來親自出馬，跟供應商講故事、談願景，取得供應商的信任，成功將報價從六十美元壓低到三十二美元，終於達成EeePC的原物料成本目標。

「因為我在主機板領域成功過五年，他們願意先相信我，」沈振來說服供應商，如果失敗，備料不多不至於損失太大，但如果成功就會賺錢，結果，三個月後，EeePC大受歡迎，華碩與力挺的供應商都變成贏家。

華碩以ZenFone系列在手機市場東山再起，是沈振來另一個經典的冒險故事。為了帶領華碩重返智慧型手機市場，他接受徐世昌的建議，跑去中國大陸長住半年，每兩個星期去三天，要跟通路交朋友、搏感情，但一開始情況並不太樂觀。

每次從大陸長住回台，沈振來心裡的挫折感就增加不少，手機的價格怎麼算都沒有足夠的競爭力，一直到第五次失敗後，他突發奇想，雖然這樣的價格在大陸打不過對手，但以這樣的實力去其他國家未必會失敗。於是，他即刻動身飛去印尼三天，獲得當地業者的高度支持，後來果然在印尼市場大獲成功。

搶下第一個灘頭堡後，沈振來開始著手調整手機部門的組織與銷售模式，複製在印尼的成功模式，進入台灣市場。

有了印尼、台灣的經驗，他再回到大陸市場，在無欲則剛的經營哲學下，也有超乎預期的成績。

◎──衡量自己的本夢比

在沈振來的主導下，ZenFone不僅在產品規劃與銷售通路做了大幅改革，行銷手法也大有突破。他首創在台灣舉辦千人發表會，在台大體育館廣邀粉絲、媒體與合作夥伴參與，果然造成極大轟動；後來這種發表會形式還延伸到海外，每個地方都是上千人參加，印尼更有接近兩千人與會，把氣勢完全做出來，一路往印度、巴西與世界各地開疆闢土。

華碩第一代ZenFone系列創下總出貨量一千萬支的耀眼成績，Zenfone 2系列總出貨量躍升到超過兩千萬支，Zenfone 3總出貨目標更是上看三千萬支，即將挑戰全球前十大手機品牌。沈振來實現了手機市場上不可能的任務，也成為手機業界的PC品牌代表。

「手機市場有近百家競爭者，裡頭有一堆狼，要在如此艱難的環境中生存，真的很難！」沈振來坦言，一開始只有抱持不怕死的決心，沒想到把氣勢與信心做出來後，也開始有一些成績與心得了。

「不怕死，相信每件事都有可能，」做為專業經理人，沈振來覺得自己一路走來，其實都抱持創業的心情，所以堅持完美之際，也很懂得變通，「只要走的方向對，轉個彎也無所謂」、「不是最強，但要做到最快」，是他隨機應變的兩大要訣。

對於有心走向創業之路的年輕人，他建議，要先衡量自己的本夢比，確定可以創造的價值遠大於投入的成本。過程中，必須秉持崇本務實的科學家精神，打好基礎之後，再逐步培養藝術家精神與企業家精神。

沈振來強調，「每個人的出生環境不一樣，現在的年輕人不是要走跟我一樣的路，而是要選擇適合自己的路。但，不管是什麼樣的路，都要無止境探索完美。」

文／沈勤譽

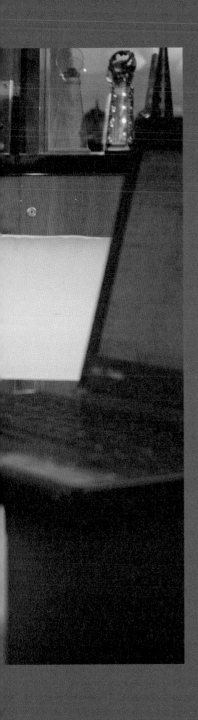

張水美

喬訊電子董事長

用技術力
寫下女性創業家傳奇

在以代工為主流的科技業，張水美堅持發展自有品牌，
憑藉自己在日商、美商工作所累積下來的跨領域技術實力，
她敢承諾零不良率，爭取高毛利客戶，
在這個以男性為主的產業中，寫下自己的一頁傳奇。

在陽剛氣息濃厚、從業人員性別比例明顯男大於女的科技產業，女性創業家可說是鳳毛麟角。畢業於台北工專的喬訊電子董事長張水美，正是其中一位。

她一手創立的喬訊電子，專攻連接器產品，在以代工為主流的科技業中，張水美堅持只生產銷售自有品牌的商品，並以卓越品質贏得許多國際大廠青睞，產品行銷全球，毛利高達45%以上。

問她以女性身分闖蕩科技產業圈，是否覺得蒙受更大壓力？張水美淡淡一笑，爽朗明快地說：「其實，我一點也不覺得欸，這一行，是靠技術分勝負的。」

內斂低調的張水美，憑著她的技術實力，在這個男性擁有壓倒性優勢的產業中，寫下一頁女性創業家傳奇。

◎——好奇心，埋下理工種子

1953年，張水美出生在屏東，彷彿注定要走理工這條路一般，她從小就展現出過人的數理能力。

喬訊電子董事長 張水美

從小看著經營雜貨店的母親做生意，耳濡目染之下，對數字的敏銳度比一般小孩高出許多；上小學以後，對數學科也特別得心應手；當年，進初中還要考試，每次模擬考，她的數學科得分都是全校數一數二。

「我也不知道為什麼，我覺得數字這種東西很有魔力，特別喜歡研究其中的變化，而且，數學只要理解，又不用死背，這科目太棒了啊！」張水美笑說。

除了鍾愛數學，她對機械原理也深感興趣。小時候，因為很好奇真空管收音機為什麼能發出聲音，就把背板拆開研究；後來家裡有了電視機，她也把背板拆開來看看為什麼這個箱子能浮現畫面，「年紀這麼小，就算拆了也看不出個所以然，但就是覺得這些機器都很好玩，」張水美說。

張水美家附近有空軍駐紮，中學時，每次看直升機從頭頂轟然飛過，她總是興奮不已，覺得這背後一定有什麼迷人的道理，她略帶遺憾地笑說，「可惜沒有機會拆直升機。」

從小到大，這點點滴滴對機械原理的嚮往，都在張水美的心中，播下了將來一定要讀理工的種子。

◉──一輩子難忘的實作課

初中畢業後，張水美原本可以就讀屏東女中，但她希望能夠多學點技術，早一點出社會賺錢回饋父母，於是選擇了技職體系。

在台灣糖業公司從事技術工作的父親建議她，若要走理工，台北工專是最好的學校，「一方面因為台北工專風評很好，二方面則因為我爸爸的老闆是台北工專畢業的，我爸覺得他很厲害，所以特別嚮往吧！」

話雖如此，父親還是捨不得女兒這麼小就要孤身北上讀書，因此她初

跨世紀的
產業推手

20個與台灣
共同成長的故事

中畢業後，先去念屏東高工，之後才去台北工專就讀。

當年，各校理工科都是「陽盛陰衰」，張水美班上也不例外，男女差距頗懸殊，四十幾個同學裡，只有八個是女孩子。

回憶工專生活，讓張水美印象最深刻的，就是深厚扎實的實務訓練。

「我們的課業要求極嚴，只要有兩科死當就必須退學。而且，不但要懂原理，更要精於實作，」張水美表示，當年台北工專還延續日治時代的校風，對學生要求精細且嚴格，尤其注重實作課；實作教室裡設有各種設備，四個同學一組，老師會設計一些別出心裁的案子讓各組學生完成。

張水美還記得，老師曾出過一個題目，要他們設計一個可以從一樓控制二樓以上電燈的線路，「現在看來或許沒什麼，可是這種技術在當時還算滿新穎的，大家都不懂，但就是要想辦法設計出來。」

早期的電腦體積龐大，若要編寫程式，必須由操作人員將各種指令寫在紙卡上，用機器在紙卡上打洞，供電腦讀取分析，往往要等上好幾個小時才有結果；如果程式有誤，就得拿回紙卡重新修正。

硬體部分，則是要去光華商場買零件回來自己組裝，組員們泡在實習教室一整天是常有的事。不過，課業壓力雖大，但張水美卻深深感念那段時間的訓練，「你不能依賴老師灌輸你知識，必須自己想辦法找到解決方案，這為我後來做研發工作奠下扎實的底子。」

◎──日商研發部門的唯一女性

因為台北工專訓練嚴謹，畢業生相當受到企業歡迎。「我們學校的文憑很值錢，基本上可以說是就業保證！」張水美自信談起，她所服務的第一家企業是由日本昭和無線電公司在台灣成立的台昭電子，而台昭公司只

招考成大與台北工專兩所學校相關科系畢業的學生。

當初會選擇日商，一方面是因為張水美父母都受日式教育，她對嚴謹重情的日本文化頗有好感；二方面，則是看中日商卓越的技術能力，當年，蘋果電腦和IBM的鍵盤，都是委託台昭研發設計，若能進入日商工作，對於自己的技術專業，肯定能有很大加分。

剛考進台昭時，張水美被分發到生產線，三個月後，公司成立設計部門（即研發部門），在那個年代，日商多半有點歧視女性的作風，但日本老闆卻欽點她加入這個新部門，不但是當時進設計部門唯一的台灣人，也是唯一的女性。

剛分發到設計部門時，張水美的壓力非常大，「因為我一句日文都不會講，根本就是鴨子聽雷啊！」

雖然張水美父母都是受日本

張水美用她對技術的熱情與豐富的歷練，證明女性也能在科技產業打下一片美麗江山。

教育，但她本人並不諳日語，然而台昭設計部門的經理是日本人，都是用日語溝通，雖然聽不太懂，但因為經理都是指著圖面交辦工作，張水美的技術底子不錯，人又聰慧細心，配合圖面大概可以「猜到」七、八成主管的意思，最後還是能順利完成任務。

因為交辦的工作總能圓滿完成，連人事兼會計部門的副總經理都以為，張水美本來就會說日文，一問之下，才知道她根本半點不懂，不禁大為驚訝。為了讓工作更順暢、張水美的能力可以充分發揮，後來公司還特地在午休時間為她開辦日文課程。

當初，張水美在生產線的直屬主管是台灣人，他原本想推薦另一位男部屬加入，但上一層級的日本老闆，卻堅持提拔張水美。剛開始，她並不知道原因，直到多年後老闆要回日本前夕，她才忍不住問他，當初為什麼要提拔自己？

日本老闆告訴張水美，他其實一直默默在觀察大家，發現她的個性雖然安靜，卻十分專注務實，當生產線出現不良品時，其他人可能只是稍微看看就不理會了，但她卻會把不良品拆開，仔細研究出現瑕疵的原因，讓他印象十分深刻，這種追根究柢的精神，正是研發人員最需要的特質。

◉── 累積創業經驗值

張水美在台昭工作七年多，是她厚植技術實力的黃金時期。

在研發部門，可以接觸到所有日本機密的設計藍圖，與日本工程師共同開發零組件，這對熱愛技術的張水美來說，簡直就像是深入寶山，她絕不會讓自己空手而歸；許多與機構設計相關的技術，像是沖壓、塑膠射出等，都是在台昭時期奠下的基礎。

因為認真工作、能力出眾，後來張水美還被擢升為設計部門的主管，由女性領導研發團隊，這在日商是非常罕見的事情，但張水美提到這一段時，卻只是輕描淡寫地謙遜笑說，「我想大概是祖宗有燒好香吧！」

在台昭工作的後期，跟同齡者相比，張水美的收入算是相當優渥，工作上也駕輕就熟，一切看似十分順遂，但張水美卻靜極思動，她半開玩笑說，「感覺似乎有一點太閒了，不夠有挑戰性，我當時還那麼年輕，卻好像在過退休生活。」幾經考慮，她決定轉換生涯跑道。

●──轉戰品管工作

離開台昭之後，張水美轉戰製造衛星轉播器的美商雅聞公司。原本張水美希望可以擔任研發部門主管，但因為當時雅聞公司的生產線不良率一直居高不下，主管希望她能先去品質管理部門救火。

當時雅聞編制的品管員有兩百多個，不良率卻高達兩位數，張水美深入瞭解以後，發現問題不是人不夠用，而是「人才素質」。這兩百多人中，有很多根本不是相關科系畢業，對零組件瞭解有限，加上還有一些老員工問題，進而影響工作品質。

張水美花了三個月整頓，以壯士斷腕的決心，過濾掉不適任的人員，同時並招募來自好一點的學校、相關科系的畢業生，一步一步重新建立遊戲規則。

她到任後第六個月，生產線上的不良率就大幅降到個位數。

要振衰起弊，這段期間張水美非常辛苦，但也讓她有機會累積生產、品管甚至危機處理的經驗，同時還必須去面對「人」的問題。

「處理『人』，比處理『事』還要困難太多了，要頂得住壓力，」張

水美嘆道，在台昭當設計部門主管時，團隊人數少，而且事務單純；但到雅聞當空降的品管部門主管，還要大刀闊斧整頓，想當然耳必然會遭遇反彈，而招募到適任的人才以後，也要懂得調教，才能迅速派上用場，所花費的心力十分龐大，「管人這一課，在這階段我學得很多。」

生產管理、品質管制、人才儲備，都是創業者必須具備的實力，但當時的張水美，並沒有想到自己之後會走上創業之路，她只是單純想把問題個個擊破，不負使命，如此而已。

◯── 海外參展激發對未來的想像

起心動念要創業，其實是因為一個偶然。

張水美三十三歲那年，在慕尼黑電子展上，看到有國外廠商展示連接器，一聽到報價，心中大為驚訝，「不會吧？這麼簡單的東西，竟然賣這麼貴？」

張水美以前從未直接接觸業務，在研發部門時，採購會把成本算給工程師，但工程師們並不知道成品賣到客戶端收多少錢，她從沒想過這種小零件竟然可以賣這麼貴的價錢。

當年台灣連接器主要都依賴進口，張水美掂掂自己在日商台昭所學到的技術能力，認為要自行開發應用於一般商品上的連接器並不困難，遂動了創業的念頭。

當時，張水美已經是另一家外商公司的經理，薪水非常優渥，她買了房子，手頭又還有不少積蓄，日子過得十分安穩，大可不必冒險創業，但她生來就是喜歡挑戰自己的人，經過長考，毅然決定把一百萬元現金全部投入新事業。

張水美 喬訊電子董事長

三十幾年前，桃園市中心火車站正對面的房子，一間還不到五十萬元，一百萬元可不是筆小錢，但要購買自動化設備、開模具，一百萬元還不夠。然而，張水美的父親很欣賞女兒有這樣的豪情壯志，便瞞著太太拿出一百萬元老本給女兒創業。資金到位後，1985年，喬訊電子正式成立。

◉——拿出國際認證說服客戶

張水美從未受過任何財務相關訓練，但這卻又是創業、經營公司必要的一環，於是她找來台北商專（2014年改名為台北商業大學）畢業、在銀行工作的好友來幫自己「惡補」，教她一些財會觀念，諸如怎麼看資產負債表與損益表、怎麼做成本攤提、有外幣收入時怎麼跟銀行議價等。

張水美天生就對數字敏感，一點即透，很快就學會了，財務方面並不構成問題；但在業務開發上，剛開始卻遭遇了不少困難。

張水美完全沒有研發工程師的身段，非常勤快主動地拜訪三洋、松下、索尼、日立（Hitachi）等客戶推銷產品。當時台灣的電視、音響、電話等電器產品市場正快速成長，亟需使用連接器，但喬訊是一家名不見經傳的新創公司，儘管產品有價格優勢，但客戶對產品還是沒有信心，躊躇不敢下單，張水美面臨產品開發出來卻乏人問津的窘境。

以當時張水美所掌握的技術能力，要做出電器用的連接器綽綽有餘，「我可以理解客戶的顧慮，雖然連接器是個小東西，萬一出問題，電話不會響、電視沒畫面，那會影響商譽的，客戶擔待不起這種風險啊！」張水美說。

她心想，當時才三十三歲，就算創業失敗，大不了再去謀職上班，以她的技術能力跟資歷，不用擔心找不到工作；只是，都已經投入這麼多資

張水美以「日式管理，美式福利」經營企業，為公司留住不少人才，一般員工有七成都累積至少五年以上年資，讓公司的研發與技術力可以持續。

張水美 喬訊電子董事長

金，還背負著父親的期望，她不容許自己失敗。

為了突破客戶的信心瓶頸，張水美把產品送到德國、美國、加拿大等國家進行安規認證，「若這些標準嚴格的先進國家都能肯定我的產品，沒道理亞洲國家會不接受我的產品！」張水美說。

當時，中華電信正打算把傳統的轉盤式電話，全面更換成按鍵式電話，他們原本是跟美國、日本下單採購連接器，但因為景氣好，供不應求，捧著現金信用狀去排隊還排不到，張水美便把握機會，拿著各國認證，積極遊說大霸、西陵電子兩家公司改用喬訊產品，因為這兩家公司是把整台電話機組裝完成再交到中華電信。

剛開始，客戶仍然有點猶豫，甚至還語帶狐疑地問：「水美啊，妳這些證書不會是假的吧？」張水美信心滿滿地回答：「我哪有這麼大能耐造假啊？這上面有流水號，都可以去查的！」

客戶有點動心，決定先下小量訂單試試看，這一試，果真試出信心，到第二年便大量下單，「當時中華電信所有新式電話裡的連接器，用的都是我們家的產品，」張水美表示，有了這個大客戶的肯定，之後的業務便豁然開朗，「換成是客戶捧著現金來排隊跟我們買貨！」光是那幾年，就賺了好幾個資本額，奠定了喬訊發展的堅實基礎。

——一開始就做到最好

不少做連接器的同業，是近十年才開始做全自動化生產，但張水美早在創業之初，就很有遠見地投資自動化生產設備，一方面能夠提高生產效率與品質，另一方面則能有效控制成本。

公司新創時，資源有限，做的是比較基礎的自動化，產品生產出來以

後，還得依靠人工包裝，等到公司羽翼比較豐滿後，就不斷擴充設備，購買全自動射出成型機、全自動插PIN機以及連續沖壓機，由塑膠粒至產品完成、包裝，都可以做到全自動化生產。

外商出身的張水美，非常重視品質與制度建立。除了投資自動化生產，喬訊也很早就開始進行電腦化，並全面導入企業資源規劃系統（ERP）；而且早在二十幾年前，就申請ISO認證。

這些建置所費不貲，短期內的確會增加很多成本，但是對於後續公司的內部管理、品質與成本控管，都有很長遠的正面影響，這也是喬訊之所以能贏得國際客戶青睞的重要原因。

◎── 把眼光放在世界

張水美很清楚，公司若想持續成長，不能僅靠內需市場或單一區域的客戶，必須放眼全球。為了布局，她還把當時在英國劍橋就讀國際貿易的妹妹找回來幫忙。

喬訊早在1990年到1993年期間，就在香港、馬來西亞、新加坡成立分公司，在台灣與中國大陸均設有工廠；1998年到2015年間，又陸續在美國、英國、法國、義大利、德國、瑞士、巴西、奧地利、韓國、烏克蘭、波蘭、以色列、俄羅斯等國家設經銷商，產品行銷全球。

「早在媒體喊出『金磚四國』之前好多年，我們就已經在這些地方有代理商了！」張水美表示，台灣公司經常會過度依賴某個區域甚至某個單一國家的市場，一旦那個區域經濟突然緊縮，就會重創公司訂單。

喬訊之所以積極布局全球，除了擴大市場，也是為了分散風險。

2008年發生金融海嘯，許多公司都受到嚴重衝擊，「但我們家的生意

大概只清淡了兩個月，之後就恢復如常，」張水美欣慰地說。

◯───經營高毛利市場

　　台灣有很多科技廠都在「茅山道士」（「毛三到四」的諧音，意指毛利僅有 3%、4% 左右）的窘境中掙扎，但喬訊完全不走這個路線，「我們不想玩殺得血流成河的紅海市場，也不會為了衝營業額而盲目接單，我們想要經營的是高毛利的客戶，」張水美說。

　　這個想法並不是有心就可以做到，背後必須有強大的技術實力支持。

對於懷著創業夢的年輕人，張水美建議，至少要有三到五年以上的職場歷練，再考慮是否要投入。

喬訊每年都提撥15％至20％的盈餘用做研發，從前段的產品設計、模具開發，中段的沖壓、射出製程，到後段的組立、測試等環節，都務求完美。

「早期德國廠商都不太願意用亞洲公司的產品，我們應該算是很早就攻下德國公司的連接器廠，」張水美表示，德國公司跟日本公司一樣，極其講究細節，對於產品品質要求很嚴謹，他們之所以選擇喬訊，「是因為我們的品質夠好，而且我們敢承諾客戶『零』不良率。」

這些「龜毛」的大客戶雖然很挑剔，但卻有個好處，一旦建立起信任關係，合作就相當長遠穩定，這也是喬訊可以穩健發展的原因之一。

在管理方面，待過日商與美商的張水美，在經營自己的公司時，決定取兩種企業文化之長，也就是「日式管理，美式福利」。

她表示，日式管理強調倫理與忠誠，彼此之間有一種「情義」在，比較符合華人的文化；而美商的福利，對於留才則比較有幫助，喬訊每年都提撥盈餘的25％發放給員工做為獎金，公司的人員流動率也確實比同業來得低，單位主管有十年以上資歷的比例約六成，一般員工則有七成是五年以上年資。

◉──對技術不變的初心

以喬訊的實力，早就足以公開發行股票，但張水美卻始終不願點頭。

她表示，一旦股票上市，有時在股東的壓力下，難免就得考慮要不要衝營業額的問題，但跟營業額相比，她更重視獲利率，「對我來說，上不上市不是重點，重點是公司能不能長久賺錢、永續經營。」

雖說當年動念創業，是基於偶然的因緣際會，但回首張水美的職涯路，彷彿像是注定要為這條創業路鋪墊似的，在日商打下技術基礎、在美

張水美 喬訊電子董事長

商建立品管與管理人才的能耐，一路上不斷累積各種事業籌碼，直至水到渠成的那一刻。

對於懷著創業夢的年輕人，張水美根據自己的職涯軌跡，提出誠懇建議：「除非你想做的是很小的微型創業，否則只要是稍具規模的創業，我建議至少要有三到五年以上的職場歷練，再考慮是否要投入不遲，」張水美表示，根據統計，應屆畢業生創業成功的機率還不到3％。

她認為，原因可能是對市場缺乏認識，加上專業歷練不足所致，若能先到職場上蹲馬步，一方面瞭解市場，二方面累積技術、人脈、行銷、管理的實力等，之後再投入創業，成功機率較大。

「最重要的是，要先找到一件你很有熱情、願意投入的事情，」張水美認真地說。

她從小就對技術著迷，還沒出社會就打定主意將來要當工程師，會成為創業者，那是之後的個人際遇，但她對技術的初心卻始終沒變，一如她少女時代看著直升機從天空飛過時，那樣的怦然心動。

誰說科技業只能是男性的天下呢？張水美用對技術的熱情，加上豐富的歷練，證明了女性也能在科技產業打下一片美麗江山。

文／李翠卿

姚立德

臺北科技大學校長 ◉

尋回實作價值
讓技職體系變國家競爭力

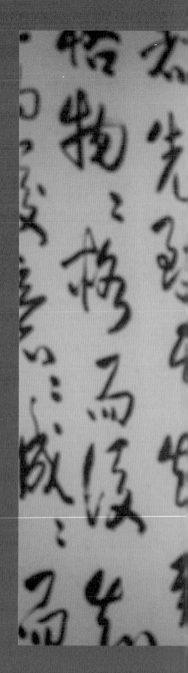

他是臺北科大百年來第一位校友校長，

他首度將國外「研究型教授」制度引進臺北科大校園，

他讓臺北科大成為全國第一所將校外實習列為必修的國立大學……

他，努力追求的成功，是讓技職體系成為個人與國家的競爭力。

「你在電視劇看到的典型『芋仔番薯』組合，就是我們家的真實寫照！」從緊湊行程中抽出空檔接受採訪的臺北科技大學校長姚立德，談起成長背景，開門見山直指往日大時代所造就的家庭環境。

「我父親是江蘇人，母親則來自南投鹿谷鄉，兩人年紀相差了二十歲，成為所謂的『芋仔番薯』組合。我父親沒錢沒勢，是從大陸逃難過來的外省人，母親出身深山小村，家族世代都是茶農，因此當初這樁兩岸聯姻，走得並不順利，」姚立德回顧。

「現在想起來，我母親真是勇氣可嘉！」當初外公、外婆對於姚立德母親的選擇很不能諒解，一直到他出生，兩老看到孫子，才願意接受這段婚姻。

「在台灣，我們只有母親這邊的親戚，他們在南投種烏龍茶，算是不錯的生計。但是我小時候就隱約感覺母親似乎有點自卑，覺得我們家無恆產，不像舅舅、阿姨有田地、農作物，」姚立德直到約莫小學五、六年級，才真正懂得這種自卑感所為何來。

也可能就是這種自卑感，成為母親不斷督促姚立德向上的驅動力。

姚立德清楚記得，每年一度的南投返鄉之旅，無論如何，母親總要把

頭髮、全身上下打理得很漂亮，準備大包小包的禮物，也要給孩子們穿上最好的衣服。在這背後，隱藏著潛意識中想要「衣錦還鄉」的心情。

◎──最初的學習榜樣

眼前一派溫文儒雅的姚立德，「我很會演布袋戲，抄起帽子、手帕就能舞弄一番，很能自得其樂！」他只是淡淡訴說著自己不為人知的一面，坐在斜對面的採訪者卻已經睜大雙眼，全然不敢置信。

「我的鬼點子不少，幼稚園時家住羅東，放學後臨時起意，吆喝一群小同伴，捨馬路就田埂去探險，結果一夥人玩到迷路，在田裡被大人發現，眾人『公推』我是『主謀』，回家被母親『修理』得一塌糊塗。」他繼續用溫和的語調說出令人震驚的故事。

「我天性調皮，但是硬生生被母親的嚴厲管教壓抑住，從幼稚園開始，我就被媽媽打到大，有時還打到流血。我有好長一段時間，很怕大同電鍋，因為母親會罰我端著裝滿水的內鍋跪著，還要求不能溢出水來。那對幼稚園的孩子來說，是很痛苦的一件事。」

一邊回憶童年，姚立德忍不住笑，「這事回想起來，還是心有餘悸，但是長大之後，母親其實對我最好，很疼愛我。」

當時的姚媽媽，為什麼這麼望子成龍，愛之深，責之切？

「我知道這其中的緣由，我們家什麼都沒有，只有小孩比別人會念書。」姚立德從小就比表哥、表姊會讀書，母親回到家鄉，在親友面前很有面子。

除此之外，當時艱辛的日子，也是姚立德陪伴母親一同走過，成為母親的小小精神支柱。

姚立德的父親軍職退伍前，長年在蘇澳武荖坑工作，距離桃園眷村的家很遠，每兩個星期才往返一次。逢年過節，看到別人闔家團圓，小學畢業的母親便會觸景生情，要姚立德幫忙寫信，傳達思念之情。

　　母親一邊流淚，年幼的孩子一邊振筆疾書，因此姚立德從小學三年級開始，就會想盡各種辦法，用注音符號、為數尚不多的詞彙，為母親代筆家書。「我的文筆流暢，應該是小時候因緣際會奠下的底子！」一句話，就讓人不禁感到一絲心酸。

　　那段成長的歲月雖然艱辛，小康之家的環境，卻也不虞匱乏。隨著父親的退伍，家裡的情況也慢慢變得不一樣。

　　「五專一年級時，我們家從桃園搬到現在的新北市樹林區，開了一家雜貨店，早餐、刨冰……什麼都賣，我父母前一天先做好包子，清晨四、五點就起來磨豆漿，早餐賣完再賣刨冰，很認真打拚經營著雜貨店。」

　　姚立德回想起家中那段創業時光，依然歷歷在目，「一直到我二十多年前從美國回來，他們還兢兢業業開著店，即便我都在大學當教授了，可是過年過節回家，只要一通電話進來，還是會幫著家裡送啤酒、汽水……。我父親晚年兩邊膝關節都換過，長年扛負這些沉重的啤酒，膝蓋都磨損了。我跟他們說年紀大了，不要再做了，他們還是堅持守著這間店。」

就是這麼一個充滿了希望與能量的古早版「7-Eleven」，養活了一家人，也給了姚立德最初的學習榜樣。

這間「柑仔店」的命名，還是鬼點子很多的姚立德所出的主意，他想到父母為人都極厚道和善，便取「和氣生財」之意，稱為「和氣商行」。

與一般生意人總是能言善道、擅長打點人際關係的既定印象不同，「我父母都不太講話，尤其是父親，總是沉默寡言；只要他們開口說話，就會慢慢講、和善講，因此我們家的人，都像我這樣，不會咄咄逼人。」

姚立德回憶，不論店裡如何忙碌，父母從來不要求孩子們幫忙，再苦，都堅持自己扛下，希望孩子們可以專心學業、順利成長。「我從父母身上學到最大的特點，就是他們的純樸、勤奮與誠懇待人。」

也就是在這個父親退伍、「和氣商行」成立的前後時期，姚立德遇上了他人生的第一個轉捩點。他在師長建議下，到台北參加聯招，同時考上建國中學與台北工專這兩個第一志願。

◎──懵懂進入技職體系

當時年少的姚立德，不知如何取捨，對技職體系也不熟悉，只是曾經聽人說過，台北工專既是「大專」，還可「少念幾年」，當下暗暗覺得應該挺不錯。

沒想到，往日素來沉默的姚爸爸，卻做了一件全家人都沒想到的事，他特地搭火車到台北，跑到台北工專門口詢問警衛，「我兒子同時考上兩個第一志願，到底應該去念哪一所？」

在警衛力薦之下，再加上全家都覺得台北工專可以「少念兩年」，畢業後也容易找工作，姚立德就這樣懵懵懂懂決定入學，就讀電機工程科。

姚立德 臺北科技大學校長

「念了之後，才知道兩個選擇完全不一樣！」姚立德的眼神帶著笑意，「其實我們專一、專二的時候，就知道兩者的差異，五專沒有方帽子，也沒有撥穗這種傳統，同學們超在意的！」姚立德笑了起來，「因為沒有方帽子，同學間心裡總有個疑問：我們是不是矮人一截？」

　　為了「驗證」程度是否比別人屈居下風，在四年級暑假，姚立德就以同等學力報名普考，雖然他並不清楚普考的意義，但放榜後一鳴驚人，竟是當年電機類榜首，讓他開始有了自信：「好像沒有跟人家差太多，書沒有白念！」

　　除了證明自己，姚立德在台北工專的生活十分多采多姿。雖然念的是理工，但其實也很熱愛文藝。「我常鼓勵學生，課堂固然很重要，課外可學到的其實更廣，應該多元發展興趣，不論社團、打工、閱讀，都可以得到很多收穫。」

　　「當時台北工專的環境很自由，不會給學生太多限制，校內也有很多社團，因此我參加了正言社（辯論社）、寫作社，也投入了校刊《工專青年》的編輯；當時擔任《工專青年》社長的童子賢（現為和碩聯合科技董事長）大我兩屆，他的文采洋溢，可說是我的偶像。」

　　有過這樣的經驗，「我認為，在自由的環境下，學生應該學習任何自己有興趣的東西，不只是教科書而已，」姚立德分享過來人的心得。

　　當時台北工專旁的光華橋下，仍有許

從十五歲到邁入天命之年，姚立德人生的黃金時光，幾乎都在母校臺北科大度過。

多舊書攤聚集，姚立德經常在這裡流連忘返。「我那時看了很多課外書，到威斯康辛大學求學時，又看得更多，它有一個中文圖書館，因為太想家了，好看的中文書，像是《李敖大全集》，幾乎都被我看完了。」

○—— 打工學習獨立

1974年，台灣工業技術學院剛成立，招收了不少台北工專畢業生，但是姚立德在三年級時就立下志願想出國深造，他一方面持續加強外語能力，一方面也充實專業科目以外的知識，積極準備。

為了去補習班學英文、準備托福考試，也為了經濟獨立，減少家中負擔，姚立德在台北工專求學時，累積了琳瑯滿目的打工經驗。

「那時候的我，很想賺錢自力更生，因此專一暑假，就在同學介紹下，到三重的『糕仔店』工廠打工。我們每天將米磨成粉，再跟糖和在一起，用大篩子過篩，然後放到模型裡，用大蒸籠去塑型炊煮，製成祭祀用的供品。」

就這麼連續兩年暑假，每回將近兩個半月，每天早上八點到晚上十點，姚立德都跟著三、四個同學，一起做著這項耗時費力的勞動。「盛夏當頭，廠裡非常悶熱，就像大蒸籠一樣，我們穿著短褲，打著赤膊揮汗如雨，全身黏答答的都是粉，就像童工一樣，因此我到現在還是不喜歡吃糕仔！」回顧起年少往事，姚立德眼中滿是笑意。

◉—— 感受助人的快樂

然而，辛苦打工賺來的錢，姚立德卻又不是那麼錙銖必較。

有位泰北僑生同學，家裡有急事必須趕回泰國，卻沒有旅費，姚立德就把自己辛苦製作糕仔賺來的錢，全部借給這位同學，後來更是完全忘記這件事。直到四十多歲，姚立德已經當上教授，第一次參加同學會，耿耿於懷的同學堅持把這筆錢還給他，他才恍然想起。

「其實我沒那麼缺錢，主要是想自食其力，尤其看到父母開雜貨店那麼辛苦，更不想增加他們的負擔，」姚立德談起過往，一個暑假積累下來，可以賺上一、兩萬元，這對當時的學生來說，是筆不小的數目，因為那時候每學期的註冊費，也不過一千多元而已。

「我們從國中畢業就進來，五年朝夕相處，感情都很不錯，何況那位同學比我更需要這筆錢；而且，回想起來，行有餘力幫助別人，是很快樂的！」

後來姚立德打工陸續賺來的錢，也不是全拿來自己用，他幫妹妹付了重考的補習費，讓她可以好好念書。父母寬厚待人的美德，在他身上，默默傳承。

「糕仔店」之後，他陸續當過家教，還到粵式餐廳「抓碼」，負責

準備廚師炒菜的備料，讓他瞭解各種菜式如何打理，從此「說得一口好菜」，也算是意外收穫。

他還當過「守夜人」。那時的貿易公司，晚上需要有人看守辦公室，於是下班後的辦公室變成他的住所，為他省下住宿費，持續了一年多以貿易公司為家的日子。

◎—— 提早開拓社會經驗

回首自己的打工經驗，姚立德認為，收穫並不在於金錢報酬，所學到的人情義理與處世技巧，才是更加珍貴。

「當時糕仔店裡接觸的都是歐吉桑、歐巴桑等各種社會背景的人，因此不論日後我在部隊擔任排長，或是現在當上校長，都可以毫無距離地與人溝通，我認為跟這段經歷也有一點兒關係。」

更重要的是，藉由廣泛開拓人生經驗，姚立德從中培養了好EQ，成為奠定他未來發展的重要基石。「我的EQ不錯，現在仔細回想，是因為我沒有把自己鎖在高塔，廣泛接觸各種事務、認識各式各樣的人，從中學會與別人相處，瞭解當『事情不能如我所願』時該怎麼面對。」

姚立德感性回顧：「我曾經不只一次捫心自問，憑什麼當上校長？因為學校裡每位老師都跟我一樣很會念書。後來發現，也許我有一個不同之處，那就是我從很年輕的時候就意識到，會念書固然重要，但是學會與人相處也很重要。很多事情並不是只專注在一己的想法、固執己見就好，更需要保持開放的態度。

「除此之外，我覺得自己的眼光看得比較遠。我一向是個有計畫、有紀律的人，不隨波逐流，每個人生階段都有自己的設定。從小我的個性就

比較冷靜，可以控制自己的情緒，當校長更需要這種特質。」

人生要完滿、事業想成功，情緒控制是重要的核心能力。如今EQ被當成一種議題，處處有人討論如何培養高EQ，但是這種人格特質，其實很難養成。

「這又要回歸到母親對我的影響，雖然她從小管教我極為嚴格，但是她什麼都會跟我講，讓我感受到她忍辱負重的心情，也讓我從小就比較懂得『忍耐』這件事！」

姚立德接著補充，「我其實從沒仔細想過自己為何比較擅於控制情緒，但是四十歲之後，我開始學佛，成為虔誠佛教徒，佛理教誨總勸人心地和善、愛心待人，這對我也有很大的影響。」

◉── 立志留學不放棄

即使很早就立定志向要出國念書，但是直到專四，姚立德才真正確立自己的目標。

四年級時，姚立德遇到啟蒙恩師鄭永福（前景文科技大學校長），這位畢業後回校任教的校友學長，負責教授「自動控制」課程，教得很好，讓姚立德大感佩服，也啟發了他的興趣，因此當他決定出國深造時，便選擇了「自動控制」這門領域。

不過，一心渴望出國留學的他，留學之路走得並不算順遂。

「雖然父親不置可否，但母親總以家裡沒錢為由，堅持不肯答應，」內心糾結的姚立德，還曾打電話到張老師熱線，傾吐心中的苦惱。

就在未來方向進退維谷之際，退伍前銓敘部來了一張派任令，是他之前通過普考的結果。當下他選擇最靠近南陽街的合作金庫總庫，一邊工

跨世紀的
產業推手
20個與台灣
共同成長的故事

作，一邊補習準備GRE等考試。

　　一年很快過去，眼看姚立德到美國留學的心意依然堅決，母親拗不過他，終於同意他踏上放洋之路。

　　1985年，美金對新台幣匯率還是一比四十二的當口，姚立德與家人想盡辦法籌到一萬五千美元，只夠繳一年的學費，就毅然孤注一擲，飛往密蘇里大學攻讀電機碩士。

　　還好，第二學期他就覓得助教職位，學費可比照當地學生，減少經濟負擔。後來他還擔任研究助理，並把太太接到美國，一路攻讀取得威斯康辛大學電機博士學位。

　　事後回想，這七年的異國求學生涯，不但是他人生的第二個轉捩點，也影響許多人的一生，因為他深切體認到，提供師生自由、毋須壓抑的環

姚立德　臺北科技大學校長

境有多重要，從此成為他擔任校長時的最高指導原則。

「我在美國念書的經歷，對我後來當校長有很大啟發，」姚立德解釋，美國教育十分開放，注重創意，而且老師很尊重學生，讓他的許多想法因此改變。

「我印象最深的一次經驗，是擔任助教時負責一堂機器人課程。每週都有實驗課，最後還有期末作業，有學生提出想設計機器人自動抓取雞蛋的動作，但前提是要在機器手臂鑽孔裝設感測器。當時這種新科技才剛開始發展，機器人手臂十分昂貴，我沒想到老師竟然同意，這對我是非常大的衝擊！

「美國的教育體系，從小就給學生很大自由，讓學生可以無限發揮創意。老師看待學生不是『上對下』，師生之間是平行的，這在東方社會並不容易做到，給了我很大的啟發。」

創新跟創意，現在被當成口號喊得響亮，但1980、1990年代的美國，就給了姚立德最深切的震撼。

另外，他在美國教育中看到的誠實與信任，也讓他思索良多。

「美國大學裡的考試，老師發完考卷就走了，也沒看到有人作弊。我印象最深的，就是有次同學因故無法參加考試，必須事後補考。我很熱心想透露考試內容，他卻堅持不想知道，要憑自己的能力來應答。這讓我非常佩服，更有自慚形穢的感嘆。」

○──熱血回校提攜後進

在那個出國不易的年代，讀電機的學生，放了洋多半會想留在國外，但姚立德卻不這麼想，這其中的原因，他自己都覺得有些好笑。

跨世紀的
產業推手

20個與台灣
共同成長的故事

「一個原因，是我想要回來報效國家；另一個原因，是我想要回來，把所學到的東西教給學弟妹！」這裡頭，有他不為人知的滿腔熱血。

姚立德在美國的博士論文，主題鎖定太空工作站，原本回國後，要去成大航太系教書。不過，當時台北工專電機科主任，也就是當年教授「自動控制」的恩師鄭永福，力勸他回到母校任教。

就在難以抉擇的當口，姚立德想起當兵的預官經驗與留學美國的經歷，當時很多同袍與同學都是台大、清大、交大畢業生，言談間總不自覺隱隱流露優越感。念碩士時甚至還有人去跟學校告狀，指陳台北工專不是大學，不能跟大學生平起平坐。

然而，他念碩士時的「自動控制」，是在台北工專就學過的；攻讀博士班時，有一門算是困難的課「隨機程序」，裡頭用的教科書竟是他在專四就已經讀過的。原本一直擔心五專畢業是否技不如人的他，卻在實際生活中一再印證，台北工專教學扎實，學習品質並不矮人一截。

回想起這些不愉快、不公平的經驗，姚立德希望學弟、學妹可以不用再經歷這些。

一念之轉，他回到了台北工專。

「我在美國的同學都笑我傻，但我覺得那不要緊，因為我喜歡這個學校，」一向理性、強調做好計畫、眼光放遠的姚立德，遇上自己人生的重要關

姚立德 臺北科技大學校長

跨世紀的

產業推手

20個與台灣
共同成長的故事

口，傾聽了自己內心的聲音，回到母校的懷抱。

　　做了這個決定，姚立德在美國辛苦學來的太空工作站專業就無法延續，但是他很快就認清事實，轉換重點，將他在「自動控制」領域的累積與「空調」相互結合，利用無線電訊號控制空調，讓耗電量大幅下降，帶著學校跟學生走出另一條路。

◎── 百年首位校友校長

　　2011年，接下校長一職的姚立德，無意之間還寫下一個新紀錄：在他之前，從來沒有台北工專的校友或老師擔任校長，他是創校百年首位。

　　「我最想做的就是大力提升臺北科大的水準，因此閉關三天三夜思考出治校理念，全盤推演臺北科大的需求，上任後就按照這個政見來推行，」姚立德接著說，「我本來就很愛這所學校，對它有很深的感情，我知道背後肩負了很多校友的付託、很多老師的期待，因此想趁著還年輕做點事情。就算卸任了校長，我還是會留在臺北科大，繼續認真教學。」

　　如今，臺北科大在姚立德的帶領下，已經有了脫胎換骨的新氣象，因此接下第二任校長任期的他，又再提出，要帶領臺北科大邁向世界級大學的願景。「我知道臺北科大還可以更好，因此我花了很多心思，去推動教學、研究與空間拓展。」

　　臺北科大目前最大的發展瓶頸，就是校地不足。以前在五專時代，台北工專只有十個科，數千位學生，現在則有十九個系、二十六個碩士班、十七個博士班，學生有一萬多人，校地空間的困窘，可見一斑。

　　因此，一上任，姚立德馬上推動興建五棟大樓，不論「教學卓越計畫」或是「典範科技大學計畫」都要拚第一，把經費拿來建設學校。

為了增加資源，他拚命募款，過去五年湧入了十億七千萬元的捐款。

姚立德這麼積極努力的背後，有他對於母校的深刻期許。

「你知道我為什麼想盡辦法要為臺北科大更新設備嗎？我就任校長第一年，就發生了一件事，讓我非常有感觸。當時大陸的大連理工大學校長來校參訪，很不客氣地對我說：『姚校長，貴校在台灣也算是滿好的學校，但你們的設備實在是差太多了！』

「聽到這段話，我心裡有一點懷疑，但是過了幾個月我赴大連回訪，發現人家的設備，真的是沒話說。」

也是有了與國外大學的比較，才發現學校的設備落後太多，下定決心重新整頓校園，「學生要成為一流人才，當然不能用三、四十年前的設備，大學部的實驗室設備通通要換新！」姚立德語重心長。

不只硬體要迎頭趕上，看不見的軟實力更要加緊增強。姚立德在臺北科大史無前例地推動「研究型教授」，只需負責專心研究，不投入教學，這也是過去一百年來，臺北科大前所未有的發展方向。

他還設立「聯合研究中心」，由產業界與師生共同合作，真正切入實務與業界所需，讓大學部的教育更加重視實作；而研究所的教育，則著重「應用型」研發，發展產業界、實務界所需要的尖端技術。

「其實，這都是我二十多年前從美國回台灣時的初衷再擴大。當年，我抱著教給學弟妹最新知識的想法回到母校，希望不再讓他們覺得矮人一截，現在不管推行什麼策略，也都只是在呼應這個初衷，只要臺北科大持續向上提升，未來的發展一定指日可待。」

文／李俊明

跨世紀的
產業推手

20個與台灣
共同成長的故事

財經企管　BCB589

跨世紀的產業推手 20個與台灣共同成長的故事

作者 — 李俊明、李翠卿、謝其濬、傅瑋瓊、沈勤譽、王胤筠
總編輯 — 吳佩穎
責任編輯 — 羅玳珊、李美貞（特約）
美術設計 — 周家瑤（特約）
攝影 — 林衍億（特約）（P12-13、24、28-29、32、36-37、39下、40、42、44、48-49、55、61、
65、66下、70、74-75、82左三、84、88、92、96-97、105、108-109、112-113、115、118-119、
128、144、146-147、150-151、161、164、168-169、174、177、180-181、191、194、205、
209、213、214、220、238-239、242-243、247、248、251、252、257、260-261、264、266-
267、271、275、278-279、280、282、286-287、299、302-303、306-307、310、314、316-317）
照片提供 — 受訪者與臺北科技大學

出版者 — 遠見天下文化出版股份有限公司
創辦人 — 高希均、王力行
遠見・天下文化・事業群　董事長 — 高希均
事業群發行人／CEO — 王力行
天下文化社長 — 林天來
天下文化總經理 — 林芳燕
國際事務開發部兼版權中心總監 — 潘欣
法律顧問 — 理律法律事務所陳長文律師
著作權顧問 — 魏啟翔律師
社址 — 台北市104松江路93巷1號2樓
讀者服務專線 — 02-2662-0012　｜傳真 —— 02-2662-0007, 02-2662-0009
電子郵件信箱 — cwpc@cwgv.com.tw
直撥郵撥帳號 — 1326703-6號　遠見天下文化出版股份有限公司

製版廠 — 東豪印刷事業有限公司
印刷廠 — 立龍藝術印刷股份有限公司
裝訂廠 — 精益裝訂股份有限公司
登記證 — 局版台業字第2517號
總經銷 — 大和書報圖書股份有限司　電話／(02)8990-2588
出版日期 — 2021年02月20日第一版第5次印行

定價 — 480元
ISBN — 978-986-479-069-2
書號 — BCB589
天下文化官網　bookzone.cwgv.com.tw

國家圖書館出版品預行編目（CIP）資料

跨世紀的產業推手：20個與台灣共同成長的故
事/李俊明等作. -- 第一版. -- 臺北市：遠見天下
文化, 2016.09
　面；　公分. -- (財經企管；BCB589)
ISBN 978-986-479-069-2(精裝)

1.企業家 2.臺灣傳記 3.成功法

490.9933　　　　　　　　105015490

天下‧文化
BELIEVE IN READING